本书由“核科学与技术” 湖南省国内一流建设学科资助

长寿命小型自然循环

铅基快堆堆芯设计

刘紫静　赵鹏程　于　涛　著

中国原子能出版社

图书在版编目（CIP）数据

长寿命小型自然循环铅基快堆堆芯设计 / 刘紫静，赵鹏程，于涛著. — 北京 ：中国原子能出版社，2020.11
ISBN 978-7-5221-1025-7

Ⅰ. ①长… Ⅱ. ①刘… ②赵… ③于… Ⅲ. ①快堆-堆芯-设计 Ⅳ. ①TL351

中国版本图书馆 CIP 数据核字(2020)第206235号

内 容 简 介

长寿命、小型化和自然循环设计技术是发展特种铅基快堆亟待解决的核心科学问题之一。本书围绕特种铅基快堆需要合理平衡堆芯物理特性、热工特性，并兼顾小型化、高燃耗、小燃耗反应性波动和足够的反应性负反馈等特殊需求，重点从燃料及冷却剂选型、堆芯参数、堆芯布置 3 个方面分析了影响堆芯长寿命、小型化和自然循环设计的关键因素及作用规律，给出了堆芯参数与堆芯布置的优化设计策略。

长寿命小型自然循环铅基快堆堆芯设计

出版发行	中国原子能出版社（北京市海淀区阜成路 43 号　100048）		
策划编辑	韩　霞		
责任编辑	韩　霞		
装帧设计	赵　杰		
责任校对	宋　巍		
责任印制	赵　明		
印　　刷	北京厚诚则铭印刷科技有限公司		
经　　销	全国新华书店		
开　　本	787 mm×1092 mm　1/16		
印　　张	7.5	**字　　数**	180 千字
版　　次	2020 年 11 月第 1 版		2020 年 11 月第 1 次印刷
书　　号	ISBN 978-7-5221-1025-7	**定　　价**	**50.00** 元

发行电话：010-68452845

总　序

南华大学创建于 1958 年，是一所因我国核工业事业需要而创办的高校，也是我国最早成立核科学技术学院的学校之一。在国家核工业事业的各个时期，南华大学始终坚守在核工业阵地，坚持为核工业人才培养不断档，坚持核科学研究不断线，坚持为核工业服务初心不改变，坚持“举核旗、做核事、育核人”的使命担当，为我国核工业系统输送了大量高级专门人才，是我国重要的核科学与技术科学研究与社会服务基地之一。

南华大学现有核工程与核技术、辐射防护与核安全、核化工与核燃料工程和核物理四个核类本科专业，拥有“核科学与技术”一级学科硕士、博士学位授权点和博士后科研流动站。“核科学与技术”学科是湖南省国内一流建设学科，在反应堆工程、辐射防护与核安全、核技术及应用等领域形成了自己鲜明的发展特色和优势。

为进一步促进我国核科学与技术事业的发展，南华大学系统梳理在核科学与技术学科积累的知识和经验，总结国内外核科学与技术的最新研究成果，在“双一流”建设学科的支持下，组织撰写了“核科学与技术”一流建设学科科学丛书，拟出版 11 本著作，其中包括本次首批出版的《反应堆核嬗变技术》《ADS 次临界堆物理谐波展开方法》《小型铅基快堆热工流体特性研究》和《蒙特卡罗中子输运模拟加速方法》，其他著作将陆续出版发行。

南华大学邀请了清华大学、西安交通大学、上海交通大学、华北电力大学、中国核动力研究设计院和中国原子能科学研究院等单位的专家对丛书进行审稿，专家们对书中的内容充分认可，提出了一些宝贵的修改建议和补充意见。我相信该系列科技丛书的出版对推动我国核科学与技术学科的人才培养与科学研究具有重要意义，我非常高兴将此系列丛书推荐给我国从事核科学与技术工作的科研工作者以及高校相关专业的教师和学生。

同时，对以于涛教授为带头人的学科队伍长期坚持核科学领域研究所取得的成果而深感欣慰，希望他们能够继续努力，早日实现习总书记所提出的：**为我国高等教育事业繁荣发展，为实现“两个一百年”奋斗目标，实现中华民族伟大复兴的中国梦作出新的更大贡献。**

前言

采用液态铅或铅铋作为一回路系统冷却剂的铅基快堆被第四代核能系统国际论坛预计有望成为首个实现工业示范化的先进核能系统。得益于铅基材料良好的中子学特性、优异的载热性能、较高的热膨胀率、突出的 γ 屏蔽与放射性产物包容能力，铅基快堆可实现较高的功率密度和简化的系统设计，在核动力系统长寿命、小型化与全功率自然循环方面具备独特优势，可设计成小装机容量、超长寿命且主要面向特种能源需求的反应堆。长寿命小型自然循环铅基快堆可"孤岛"模式运行，较高的堆芯出口温度、良好的黑启动与负荷跟踪能力，使其在核能综合利用方面具备独特优势，不但可在深海和极地科考、矿山和海洋资源开采等民用领域构建复合能源系统，还可为陆基移动式核电源、水下核能源网络等军事设施提供可靠、隐蔽的移动式伴随能源保障，是一种极具发展前景的先进核能系统。

铅基快堆堆芯的长寿命、小型化、自然循环是相互矛盾与制约的 3 个设计目标，需要合理平衡堆芯物理特性、热工特性，并兼顾小型化、高燃耗、小燃耗反应性波动和足够的反应性负反馈等特殊设计需求。本书围绕长寿命小型自然循环铅基快堆堆芯物理/热工设计的关键问题，重点从影响堆芯性能的关键因素及规律、堆芯概念设计方法、堆芯物理/热工特性分析 3 个方面介绍作者的相关研究成果及领域进展。全书共分为 5 章，第 1 章介绍了目前国内外具有代表性的长寿命小型自然循环铅基快堆设计方案及研究现状；第 2 章说明了长寿命小型自然循环铅基快堆的设计方法及工具，阐述了堆芯的设计目标、设计准则及关键技术问题；第 3 章在堆芯特性初步分析的基础上，开展了长寿命小型自然循环铅基快堆燃料、冷却剂选型研究；第 4 章分析了堆芯设计参数及布置方案对铅基快堆物理/热工特性的影响规律，提出长寿命小型自然循环铅基快堆的优化设计策略。第 5 章开展了 100 MWt 长寿命小型自然循环铅基快堆 SPALLER 概念设计，研究了其堆芯物理特性、稳态热工特性及自然循环性能。

本书编著的主要内容来自于南华大学核能与应用实验室（NEAL）近年来完成的系列研究成果，同时还主要参考了截止本书收稿时的相关期刊文献资料，部分文献按原文进行了引用，以保留原作的风格。

本书的工作先后得到了国家自然科学基金青年项目（12005097、11905101）、湖南省自然科学基金项目（2019JJ40239、2020JJ5465）、核反应堆系统设计技术国家重点实验室项运行基金项目（HT－KFKT－10－2018001）、湖南省教育厅优秀青年项目（18B270、19B494）和"核科学与技术"湖南省国内一流建设学科的资助，南华大学核科学技术学院院长赵立宏、党委书记颜桂花、党委副书记刘和福、副院长郑波以及南华大学核科学技术学院全体教职工对本书的撰写给予了有力的支持和帮助，在此一并表示衷心的感谢！

本书编写组成员包括赵鹏程、于涛，同时李琼、孙宇蒙、王天石、朱恩平等同学在书稿排版、整理及校对等方面付出了艰辛的努力。本书在撰写的过程中力求做到基础性、系统性、完整性，但长寿命小型自然循环铅基快堆堆芯设计极为复杂，是反应堆物理、热工、安全、结构、优化设计等多学科交叉难题，限于我们的学识水平，书中一定还存在认识不足、阐述不妥和表述错误之处，参考文献的引用可能标注不全，还有不少的优秀文章特别是近期发表的相关论文未能详尽引用，深切希望使用本书的兄弟院校师生以及各研究、设计单位的专家学者、广大读者不吝批评指正。

作　者

2020 年 10 月于南华大学

目　录

第 1 章

概　　述

1.1　背景及意义

1.1.1　铅基快堆是一种极具发展前景的先进核能系统

快中子反应堆（简称快堆）可有效增殖核燃料和嬗变核废料，是国际公认的实现核能可持续发展的现实途径之一，快堆技术被列入国家中长期科学和技术发展纲要（2006—2020），是我国实现“热堆-快堆-聚变堆”核能发展三步走战略的重要一环[1-2]。采用液态铅或铅铋冷却的铅基快堆具有良好的经济性和固有安全性，是第四代先进核能系统和加速器驱动次临界系统（ADS）的主要候选堆型之一，并有望率先实现工业示范化和商业应用[3]。第四代核能系统技术路线如图 1-1 所示。

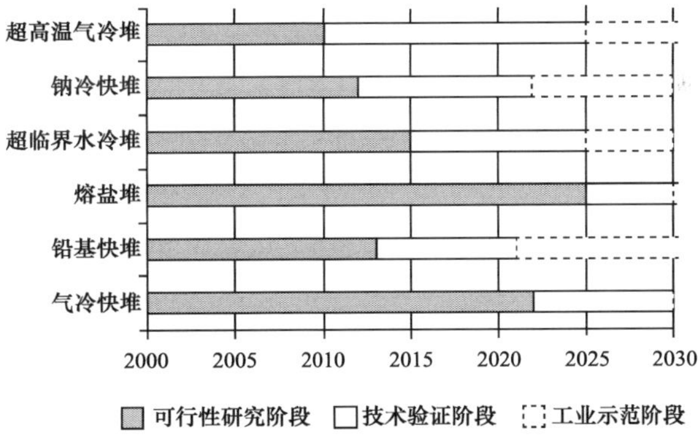

图 1-1　第四代核能系统技术路线

1.1.2　小型自然循环铅基快堆是铅基快堆的重要发展方向之一

得益于液态铅和铅铋较高的热膨胀率、热导率及较低的运动黏度，铅基快堆具有突出的自然循环能力[4]，可设计成全自然循环冷却的小型反应堆，从而显著简化铅基快堆系统设计，避免液态金属泵的制造和运行给铅基快堆研发带来的一系列挑战，有效提高铅基快堆的现实可行性和安全可靠性，可为铅基快堆的工业示范化提供重要技术路线，并能满足深海、极地和偏远岛屿等远距离无人/少人值守极端环境下的能源可靠供给需求，具备广阔的发展前景[5-6]。

自意大利诺贝尔物理学奖获得者卡尔·卢比亚于20世纪90年代率先将自然循环铅基快堆应用于欧洲ADS装置EA的设计中后[7]，自然循环铅基快堆的发展受到了世界各主要核能大国的广泛关注，并制定了较系统的设计和建造计划[8]。欧盟设计了用于铅基快堆技术测试的低功率自然循环铅基快堆ELECTRA，并计划于2023年投入运行[9]；美国先后设计了SSTAR、SUPERSTAR和STAR-H2等一系列自然循环铅基快堆[10]，其中SSTAR还被GIF列为铅基快堆三大参考设计方案之一[6]；韩国先后设计了长寿命小型自然循环铅基焚烧堆PASCAR[11]和多功能模块化自然循环铅基快堆URANUS[12]，并计划在2025年左右实现URANUS的运行[13]；在中国科学院A类战略先导专项“未来先进核裂变能——ADS嬗变系统”和国家重大科技基础设施项目CIADS的推动下，国内各研究单位也着力开展自然循环铅基快堆研发工作[14-15]，西安交通大学、中国科学院核能安全技术研究所和中国科学技术大学先后提出了长寿命自然循环铅基快堆SMPBN[16]、高温制氢自然循环铅基快堆CLEAR-H[17]和小型模块化自然循环铅基快堆SNCLFR-100[18]的概念设计方案。

1.1.3 长寿命小型自然循环铅基快堆技术发展具有重要的学术意义和实用价值

对于长寿命小型自然循环反应堆，长寿命是指堆芯具有相对较长的运行周期，甚至全寿期不换料，仅通过设计满足全寿期的反应性平衡；小型化是指尽可能减小核动力装置的体积，在功能要求和限制条件下，尽量提高堆芯的体积功率密度；自然循环是指长寿命小型反应堆一回路系统具备满功率自然循环能力，从而减少对主泵等设备的要求，可更好满足长寿命可靠运行的条件。铅基快堆换料周期长、堆芯功率密度相对较高且自然循环能力强，在实现反应堆长寿命、小型化和自然循环设计方面具备独特优势，是长寿命小型自然循环反应堆的重要候选堆型之一[19-20]。

随着我国“海洋强国”战略的实施和极地开发活动的着力推进，为长寿命小型自然循环铅基快堆带来了良好的发展机遇，其在海洋核动力、移动核电源、海岛或边远区域热电联供和海水淡化等特种核动力领域具备广阔应用前景。因此，研究长寿命自然循环小型铅基快堆设计方法，开展长寿命小型自然循环铅基快堆概念设计，掌握长寿命小型自然循环铅基快堆关键物理和热工水力特性，可为我国铅基快堆和特种核动力的发展提供技术参考，具有重要的学术意义和实际应用价值。

1.2 国内外长寿命小型铅基快堆研究现状

1.2.1 国外研究现状

近年来，随着铅基快堆应用领域的不断拓展，反应堆安全要求的不断提高，以及材料腐蚀和^{210}Po问题的不断改善，铅基快堆已成为先进核能系统的研究热点之一[21]。俄罗斯、欧盟、美国、韩国和日本等先进核能国家均大力发展铅基快堆技术，先后提出了系统的铅基快堆发展计划和代表性的概念设计方案，并将长寿命小型自然循环铅基快堆作为其铅基快堆技术重要发展方向之一，部分长寿命小型自然循环铅基快堆已进入工程建设阶段[22]。

1. 俄罗斯

俄罗斯率先发展铅基快堆，成功建造了 8 艘铅基快堆驱动的核潜艇和 2 座陆基铅基冷却实验快堆，是目前世界上唯一拥有铅基快堆建造和运行经验的国家，具备最先进的铅基快堆研发技术[23]。2000 年后，俄罗斯积极推进铅基快堆的商业应用，目前正在着力开展长寿命小型铅基快堆 SVBR-100 的研发与中型铅基快堆 BREST-OD-300 的设计和建造，计划于 2023 年投入运行。

长寿命小型模块化铅基快堆 SVBR-100

俄罗斯基于潜艇铅铋反应堆技术发展了长寿命小型铅基快堆 SVBR-100，其定位是核电池和核电池组式核电厂；可组合扩展以灵活满足局部地区和工业发展的各种需求[24-26]。SVBR-100 对环境要求低，具备强适应性与事故容错能力，可用于发电、制氢（解决耐高温结构材料后可提升铅铋温度）、工艺供热、饮用水生产及供暖等[27-28]，在难以大规模开发能源的偏远地区具备广阔的应用前景。

SVBR-100 采用一体化池式结构，所有一回路部件均布置在主容器内，设计功率 100 MWe，反应堆寿命为 50 a，采用 UO_2燃料，使用 Pb-Bi 作为冷却剂。SVBR 堆芯换料周期为 8 a，采用整体倒料，一回路冷却剂系统采用驱动循环，堆芯进出口温度分别为 345/495 ℃，目前 SVBR-100 的总体及堆芯设计、燃料性能分析、系统设备及安全分析等工作已基本完成[29-31]。图 1-2 给出了 SVBR-100 堆本体结构示意图，表 1-1 给出 SVBR-100 的主要设计参数。

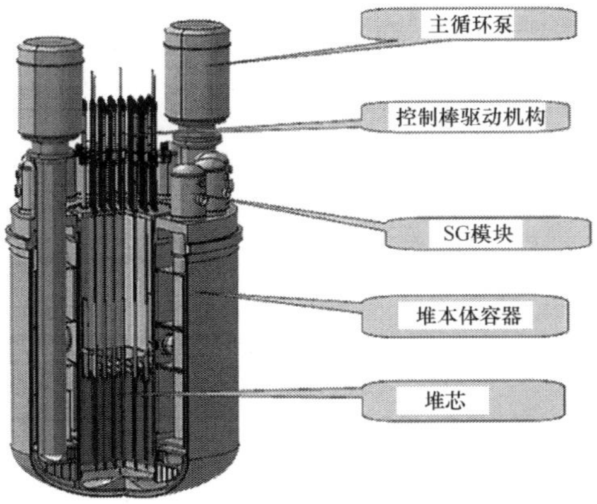

（a）反应堆本体

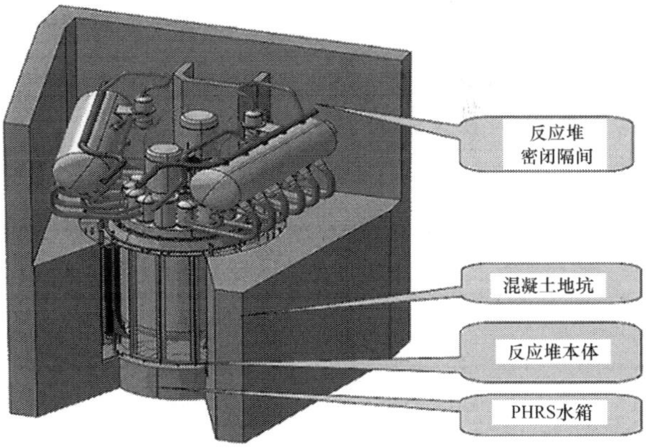

（b）反应堆 SG 隔间的布置

图 1-2　SVBR-100 堆本体结构示意图

表 1-1　SVBR-100 的主要设计参数

参量	数值
热功率/电功率/MW	280/101.5
二回路系统蒸汽产量（t/h）	580
蒸汽发生器压力（MPa）/出口温度/℃	9.5/307

续表

参量	数值
一回路冷却剂系统流量（kg/s）	11 760
一回路冷却剂系统堆芯进/出口温度/℃	345/495
燃料	UO_2
UO_2装量（kg）/^{235}U 装载量（kg）/富集度（%）	9 200/1 470/16. 1
寿期内反应性波动/(%/ $)	-3. 74 （-5. 72）
堆芯尺寸：直径×高度/mm	1 645×900
堆芯平均体积功率密度（kW/m^3）	140
堆芯平均线功率密度（kW/m）	≈25. 7
堆芯内燃料棒数目	12 114
反应堆设计寿命/a	50
堆芯换料周期/a	约 7~8
蒸汽发生器模块数/个	12
液态金属主泵数/个	2
液态金属主泵压头/主泵电机功率	0. 55/450
一回路冷却剂体积/m^3	18
堆本体尺寸：直径×高度/mm	4 410×7 850
二回路冷却剂循环模式（在分离器-SG 段）	自然循环

SVBR-100 主流体循环流程如图 1-3 所示，SVBR-100 反应堆容器为圆柱形，带有半椭圆形上封头和下底，材料为奥氏体不锈钢。SVBR-100 反应堆容器分为主容器和安全容器，在主容器发生泄漏时，安全容器可防止堆芯失去冷却剂；反应堆容器的底部和冷却剂液位以下没有贯穿件，上部有两个气体系统贯穿件：第一个连接带应急凝汽器的主气体系统，另一个连接气体监测装置。

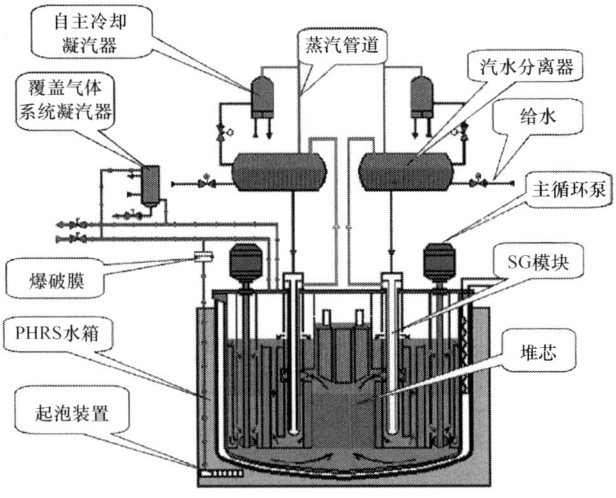

图 1-3　SVBR-100 主流体循环流程图

SVBR-100 堆芯布置如图 1-4 所示，堆芯主要设计参数和设计限值如表 1-2 所示。

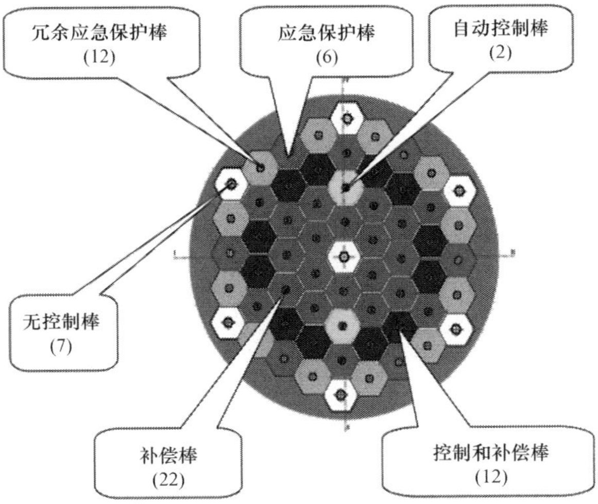

图 1-4 SVBR-100 堆芯布局图

表 1-2 SVBR-100 堆芯主要设计参数与设计限值

参量	数值
堆芯燃料/冷却剂份额	0. 615/0. 28
燃料棒外径/mm	12
燃料棒布置方式	三角形
燃料棒长度/mm	1 638
包壳材料	EP-823 (12%Cr)
包壳厚度/mm	0. 4
燃料最高温度限值/℃	2 740
稳态工况下包壳运行温度限值/℃	650
瞬态工况下包壳运行温度限值/℃	850

SVBR-100 的堆芯设计时考虑可容纳不同燃料的堆芯布置方案，在 280 MW_{th}的额定功率下，根据相关计算：

1）如果堆芯装载 UO_2，堆芯转换比 BR=0. 84，可满功率运行 50 000 h。

2）如果堆芯装载 MOX 燃料，堆芯转换比 BR≥1，反应堆能实现闭式循环和燃料增殖，可满功率运行 76 000 h。

3）如果堆芯装载氮化铀燃料，堆芯转换比 BR=0. 91，堆芯具有两种运行模式：若控制寿期内反应性波动小于 1 $，反应堆可满功率运行 76 000 h；若允许寿期内反应性波动大于 1 $，反应堆可满功率运行 150 000 h。

4）如果堆芯装载混合氮化物燃料，堆芯转换比 BR≥1，反应堆可实现闭式循环和燃料增殖，堆芯同样具有两种运行模式，若控制寿期内反应性波动小于 1 $，反应堆可满功率运行 76 000 h；若允许寿期内反应性波动>1 $，堆芯转换比 BR=1.13，反应堆可满功率运行 200 000 h，且运行 45 a 后钚核素存量翻倍。

2. 欧盟

（1）ELECTRA

欧盟于 2011 年推出了一座低功率自然循环铅基快堆 ELECTRA 的设计方案，主要用于研究铅基快堆的中子动力学特性，培训反应堆专业操作人员及培养核工程专业学生[32-34]。ELECTRA 热功率约为 0.5 MW，满功率、50%额定功率运行时堆芯换料周期分别为 15 a 和 30 a，由瑞典皇家理工学院（KTH）负责设计建造，计划于 2023 年投入运行[35-36]。图 1-5 给出了 ELECTRA 的堆本体结构，表 1-3 给出了 ELECTRA 一回路系统的主要设计参数。

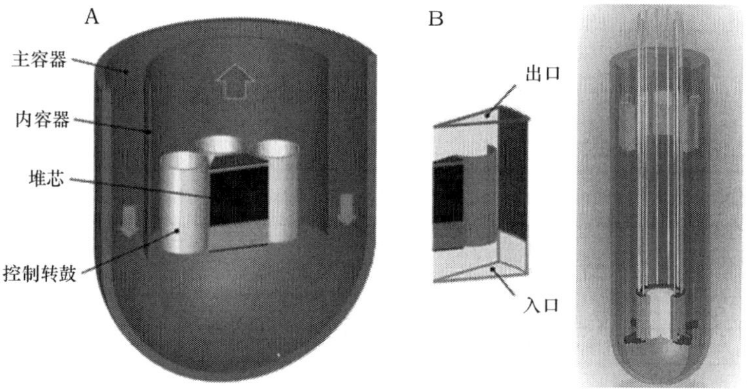

图 1-5 ELECTRA 堆本体结构

表 1-3 ELECTRA 一回路系统的主要设计参数

参量	数值	参量	数值
主容器内径/mm	900	冷/热源位芯差/m	1.5
主容器外径/mm	1 000	换热管材料	Fe-10Cr-4Al
主容器材料	SS316L	自由液面高度/mm	2 000
蒸汽发生器个数	8	覆盖气体高度/mm	500
蒸汽发生器换热管数	30	堆顶盖高度/mm	500
换热管外径/mm	25.4	堆容器总高度/mm	3 500
换热管长度/mm	480		

ELECTRA 已于 2014 年完成了初步中子学与瞬态热工安全特性分析[37-41]，其堆芯高径比为 1，采用惰性基质燃料（$Pu_{0.4}$，$Zr_{0.6}$）N，由 60 mol% ZrN、40 mol% PuN 及 TRU

组成。ELECTRA 采用无组件设计及整体换料方案，堆内共有 397 根燃料棒，燃料棒上下两端均设有 ZrN 绝缘层，下方设有较长的气腔容纳裂变气体并降低气体温度，包壳为涂覆 FeCrAIY 涂层的 12R72 钢。ELECTRA 堆芯平均功率密度为 39.7 MW/m^3，堆外采用 12 个吸收转鼓替代堆内的控制棒以提高堆芯中子经济性。冷却剂从上腔室沿内围筒外侧流入堆芯底部，再由下往上冷却堆芯。

KTH 的研究人员分析了快堆采用氧化物、氮化物、金属燃料的优缺点，研究发现在设计小型快堆时，需采用高富集度的 UO_2 或 MOX 燃料，这违背了核燃料低浓化的原则；采用低富集度的 UO_2 或 MOX 燃料将会大幅增加堆芯尺寸，导致冷却剂自然循环系统造价高昂，反应堆系统整体经济性降低，且氧化物中高的含氧量会提高燃料-包壳化学反应风险；惰性基质（Pu，Zr）金属燃料不存在上述问题，但（Pu，Zr）金属燃料会溶于液态铅，导致燃料与冷却剂无法共存。为了进一步改善燃料性能，国际上研发了（Pu，Zr）N 燃料，该燃料拥有高的热导率、低的肿胀率与气体释放率，能够很好地与液态铅共存，并表现出比纯（Pu，N）燃料更好的稳定性。在俄罗斯、日本、美国、欧盟的辐照试验中，（Pu，Zr）N 燃料均表现出很好的特性。

ELECTRA 堆芯采用无组件的六角形燃料栅格布置，397 根燃料棒外设有堆芯盒，起到冷却剂自然循环的引流作用。在堆芯栅格参数设计时，栅径比 *P/D* 是研究的重点，需要合理设计 *P/D* 以得到较小的压降，避免冷却剂的流致振动和逆流，确保堆芯自然循环的流动稳定性。ELECTRA 通过堆外 12 个控制转鼓调节反应性和功率，转鼓分为 B_4C 吸收材料和反射材料两个部分。在设计堆芯控制转鼓时，ELECTRA 考虑了 1 个转鼓失控旋转事故，设计单个转鼓的最大控制价值不超过 450 pcm，事故条件下堆芯反应性的引入速率不大于 1 $/s，可确保转鼓失控旋转时燃料棒包壳的完整性。图 1-6 为 ELECTRA 的堆芯布局图，表 1-4 给出了包壳材料的主要成分，表 1-5 给出了堆芯主要设计参数，表 1-6 给出了燃料棒主要设计参数，图 1-7 为燃料棒设计示意图。

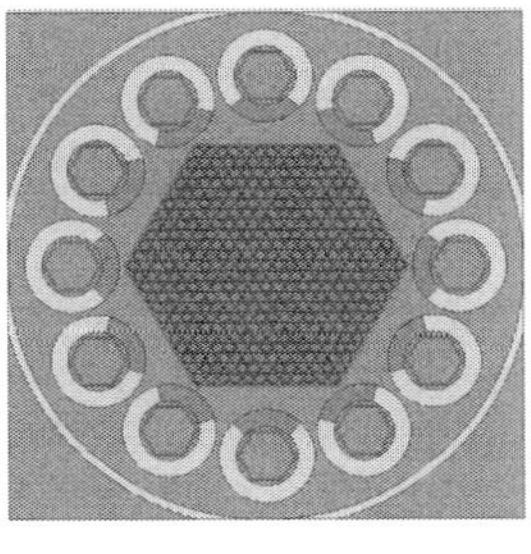

图 1-6　ELECTRA 的堆芯布局图

表 1-4　ELECTRA 燃料棒包壳材料 12R72 钢成分

Cr	Ni	Mn	Mo	Ti	Si	C
15.10	14.96	1.80	1.22	0.52	0.44	0.09

表 1-5　ELECTRA 堆芯主要设计参数

参量	数值	参量	数值
堆芯燃料棒数目	397	控制转鼓中心到堆芯中心半径/mm	225
棒中心间距/mm	14.0	控制转鼓内径/mm	35
P/D	1.111	控制转鼓外径/mm	55
绕丝直径/mm	1.4	吸收体角度	90°
堆芯功率/MW	0.5	组件盒材料	TBD
平均线功率/(kW/m)	4.2	吸收体材料	B_4C
堆芯组件盒内边距/mm	308	吸收体 B 富集度	90%
堆芯组件盒外边距/mm	312	吸收体孔隙率	10%
堆芯组件盒厚度/mm	2.0	吸收体密度/(g/cm^3)	2.30
控制转鼓数/个	12		

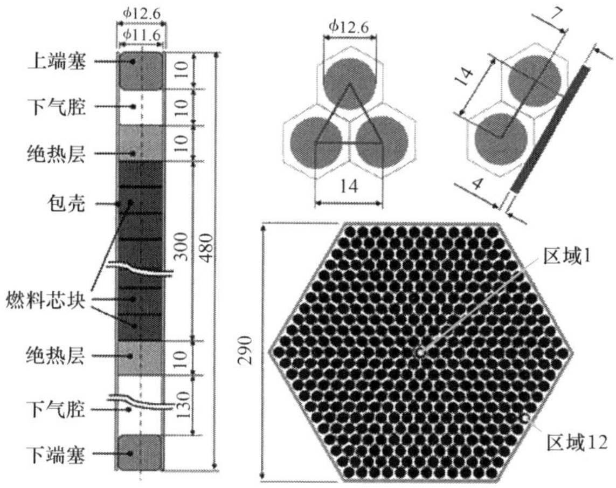

图 1-7　ELECTRA 燃料棒设计示意图

表 1-6　ELECTRA 燃料棒主要设计参数

参量	数值	参量	数值
燃料	$(Pu_{0.4}, Zr_{0.6})^{15}N$	燃料芯块高度/mm	300
燃料有效密度/(g/cm^3)	9.44	绝热层高度/mm	2×10
燃料孔隙率	10%	下气腔高度/mm	130
燃料芯块直径/mm	11.5	绝热层材料	ZrN
包壳内径/mm	11.6	绝热材料孔隙率	10%
包壳外径/mm	12.6	端塞高度/mm	2×10
包壳厚度/mm	0.50	燃料棒长度/mm	480
包壳材料	12R72（15-15Ti）	包壳表面涂敷材料	Fe-15CrAlY

反射层是保证小型反应堆临界的重要条件，反射层的厚度直接影响堆芯中子的泄漏率，进而改变堆芯的中子学特性参数，如 k_{eff}、中子代时间、冷却剂温度系数及空泡系数等，并最终影响堆芯寿命，ELECTRA 的物理设计中细致研究了反射层厚度的影响。

在 ELECTRA 堆芯物理性能研究方面，KTH 基于堆物理程序 MCNP5、系统瞬态分析程序 SAS4A 分析了堆芯寿期初、寿期末的中子注量率分布、局部/全堆冷却剂温度系数、冷却剂空泡系数、堆芯轴向/径向膨胀系数，并计算了缓发中子份额、中子代时间等堆芯动力学参数。研究发现：堆芯寿期初的反应性系数均为负值，寿期末的全堆冷却剂温度系数与空泡系数为正值，需要对反应堆开展进一步优化设计。

（2）SEALER

欧盟于 2014 年提出了一个主要用于偏远地区热-电联供的 8 MWt（3 MWe）强迫循环铅基快堆 SEALER 设计方案，该示范堆将于近几年在加拿大北极开始施工建设[42-44]。SEALER 一回路系统采用液态铅作为冷却剂，有效避免了 Pb-Bi 被辐照后产生 ^{210}Po 的问题。为便于使用飞机运输反应堆，SEALER 的最大设计尺寸约为直径 2.75 m、高 6 m。SEALER 有几个显著的特点：① 反应堆尺寸相比其他同功率堆型要小很多；② 堆芯寿期为 30 a，无须换料操作；③ 反应堆有良好的安全特性，任何事故工况下无须厂外应急。图 1-8 给出了 SEALER 堆本体结构示意图。

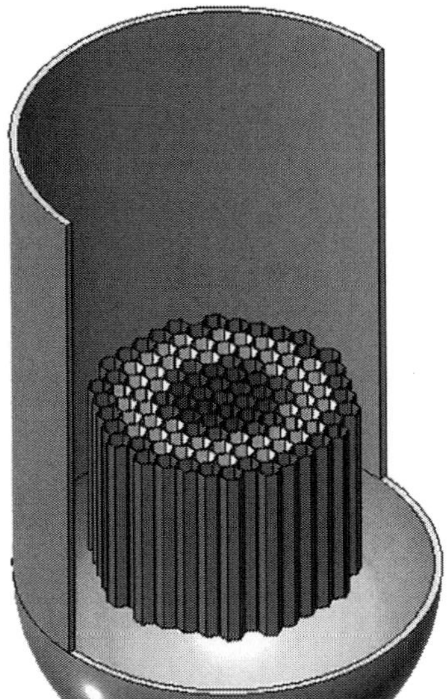

图 1-8　SEALER 堆本体结构示意图

SEALER 堆芯采用富集度 19.9%的 UO_2燃料，未来将考虑采用密度更大的 UN 燃料替代 UO_2 燃料，以获得更高的堆芯功率密度。堆内含有 19 个六角形盒式燃料组件，每盒燃料组件内有 91 根燃料棒，组件盒设计可引导冷却剂流过堆芯，增强堆芯自然循环流量分配能力并缓解包壳失效的后果。SEALER 堆芯活性区直径 0.8 m、高 1.1 m，燃料棒长

1. 55 m，活性区上下两端 0. 5 cm 的 ZrO_2绝缘层起到吸收中子、降低结构材料辐射损伤的作用；燃料棒上端有 35 cm 的气腔以容纳裂变气体，芯块和包壳的间隙填充氦气[45-47]。图 1-9 为 SEALER 堆芯布局图。

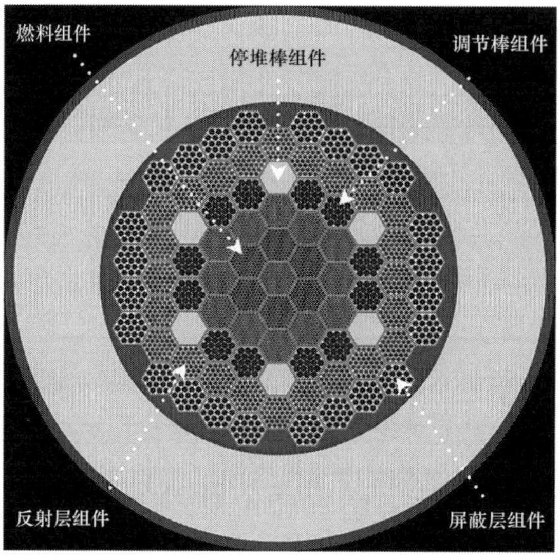

图 1-9　SEALER 堆芯布局图

SEALER 堆芯内设计了控制棒停堆系统与调节系统，控制棒停堆系统有两套，分别采用一回路液态铅压力、气体压力进行控制，每套系统包含 3 根停堆棒。控制棒调节系统包含 12 根调节棒组件。控制棒组件均布置在燃料组件外圈使得堆芯更加紧凑。控制棒组件外圈布置反射层与屏蔽层组件，反射组件材料为 ZrO_2，屏蔽组件材料为 B_4C，屏蔽层外是支撑堆芯的围筒，起到分隔堆芯冷、热池的作用。表 1-7、表 1-8 分别给出了 SEALER 燃料组件、燃料棒设计参数。

表 1-7　SEALER 燃料组件设计参数

参量	数值	参量	数值
组件盒内对边距/mm	160. 0	燃料棒下高度/mm	100
组件盒外对边距/mm	164. 0	棒束到引脚的高度/mm	50
组件盒中心距/mm	166. 0	组件引脚外径/mm	120
组件盒材料	12R72	组件引脚内径/mm	40
燃料棒束上高度/mm	200	组件引脚固定直径段高度/mm	400

表 1-8　SEALER 燃料棒设计参数

参量	数值	参量	数值
燃料	UO_2	绝热层材料	ZrO_2
^{235}U 富集度	19.9%	绝热材料孔隙率	10%
燃料密度/(g/cm^3)	10.39	上端塞高度/mm	20
燃料孔隙率（冷态）	4.00%	下端塞高度/mm	50
燃料芯块直径/mm	13.384	端塞材料	316L
包壳内径/mm	13.520	下屏蔽层高度/mm	50
包壳外径/mm	14.520	下屏蔽层材料	$^{10}B_4C$
燃料腔高度/mm	0.5	屏蔽层 B 富集度	96%
燃料棒长度/mm	1590	上裂变气体腔高度/mm	350

为解决铅对于包壳材料的腐蚀问题，SEALER 设计时采取了两个措施：① 降低燃料棒包壳表面温度，限定其正常运行工况下不能超过 450 ℃；② 在 12R72 燃料棒包壳表面 FeCrAIY。SEALER 一回路采用了 8 个主泵和 8 个螺旋热交换器的冗余设计，反应堆可在 1~2 个热交换器失效的情况下正常运行。为降低反应堆轴向高度，将主泵放置在一回路热管段，即堆芯出口和热交换器入口之间的最热位置。SEALER 热交换器采用的是含铝铁素体钢 Fe-10Cr-4Al-RE，热交换器与堆芯几何中心的相对高度差为2.5 m，以确保反应堆事故工况下具备足够的自然循环能力。图 1-10 给出了 SEALER 堆系统布置图，表 1-9 给出了 SEALER 一回路系统主要设计参数。

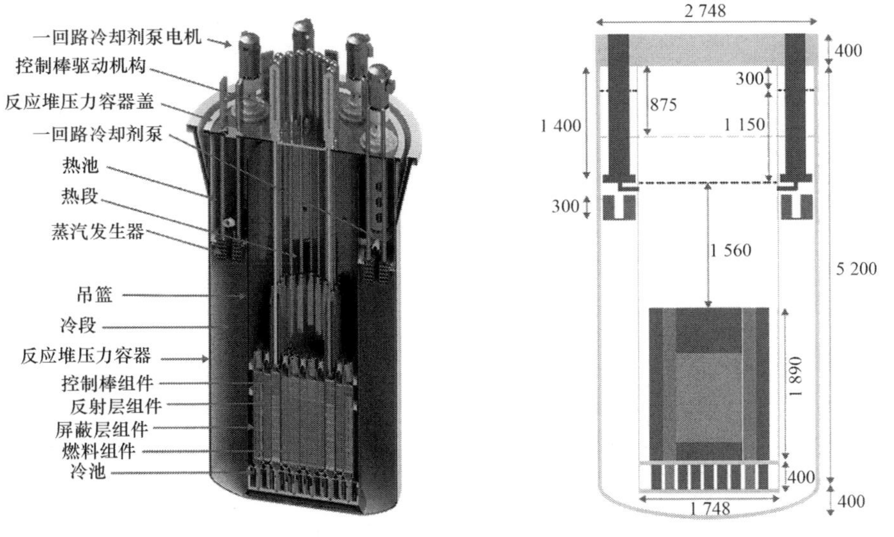

图 1-10　SEALER 反应堆系统布置图

表 1-9　SEALER 一回路系统主要设计参数

参量	数值	参量	数值
堆芯围筒内径/mm	1 708	热交换器材料	Fe-10Cr-4Al-Zr
堆芯围筒外径/mm	1 748	主泵个数	8
主容器内径/mm	2 648	泵主轴长度/mm	1 800
主容器外径/mm	2 748	泵壳体直径/mm	420
围筒和主容器材料	SS316L	铅池自由液面高度（稳态）/mm	1 000
主热交换器个数	8	覆盖气体高度/mm	1 800
主热交换器壳体外径/mm	400	堆顶盖厚度/mm	500
主热交换器壳体长度/mm	300	主容器总高/mm	5 500
主热交换器-堆芯轴向距离/mm	2. 5		

3. 美国

美国早期同样针对先进核潜艇需求开展铅基快堆研究，但 20 世纪 60 年代美国因暂难以解决铅腐蚀问题，停止了其铅基快堆研究计划。2000 年以后，美国能源部牵头重新制定铅基快堆研发计划，启动了针对核废料嬗变处理的铅铋快堆 ABR 项目[48-50]和针对先进核能系统的长寿命小型模块化铅基快堆 SSTAR 项目[51-52]。

（1）STAR 项目

美国于 2006 年联合阿贡国家实验室（ANL)、爱达荷国家工程与环境实验室（INEEL）和劳伦斯利弗莫尔国家实验室（LLNL）设立了旨在发展铅基快堆技术的 SSTAR 项目，将小型模块化长寿命自然循环铅基快堆作为美国铅基快堆技术的首选堆型，设计了 STAR-LM[53-54]、SSTAR[55-56]、SUPERSTAR[57-58]等自然循环铅基快堆。其中 SSTAR 使用超铀氮化物燃料（TRUN），铅作为冷却剂，换料周期达到 30 a，设计热功率为 45 MW，电功率为 20 MW，大量采用了系统模块化设计、堆芯自动负荷跟踪、二回路超临界 CO_2布雷顿循环等一系列先进技术，具备良好的热工安全性能、显著的经济竞争力和突出的防核扩散能力。SSTAR 被 GIF 选定为 3 种铅基快堆参考设计方案之一，代表了长寿命小型自然循环铅基快堆的主要发展方向。图 1-11 为 SSTAR 堆本体结构示意图。

SSTAR 堆内共有 1 634 根燃料棒，堆芯寿期为 30 a，无须换料倒料，燃料棒被焊接在底部支撑板上。燃料棒采用表面涂硅的铁素-马氏体钢 T91 作为包壳材料，以提高抗铅腐蚀能力，包壳与燃料芯块间隙填充液态铅用于降低热阻。堆芯采用了大高径比（堆芯高 12 m，等效直径 3. 23 m）及 2. 5 cm 的粗棒径设计，以提高反应堆的自然循环能力。堆芯平均/最大卸料燃耗为 81/131 MWd/kg，为降低燃耗反应性损失及展平功率分布，堆芯采用了 5 区装料方案，堆芯中心两区富集度较低，外围 3 区富集度较高。SSTAR 堆芯

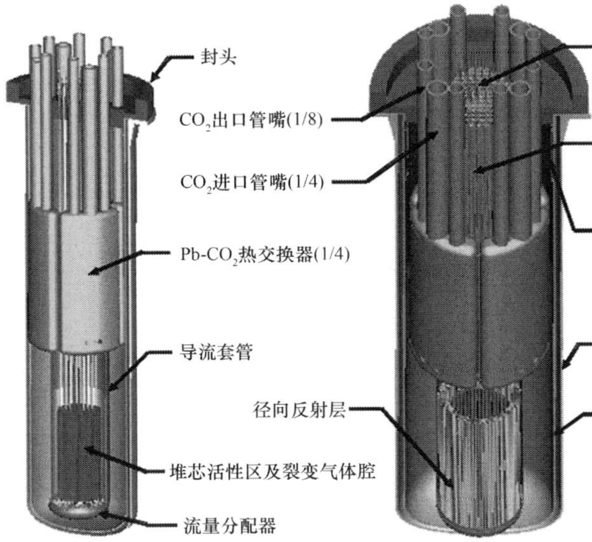

图 1-11 SSTAR 堆本体结构示意图

设计了两组独立的控制棒系统，分别用于停堆和补偿反应性损失，外围布置了反射层用于减少中子泄漏。SSTAR 具备较大的负反应性系数，可以自动跟随负荷调节功率，堆芯的燃料温度系数、轴向/径向膨胀系数均为负值，但冷却剂温度系数为正值。图 1-12 给出 SSTAR 堆芯布局图。

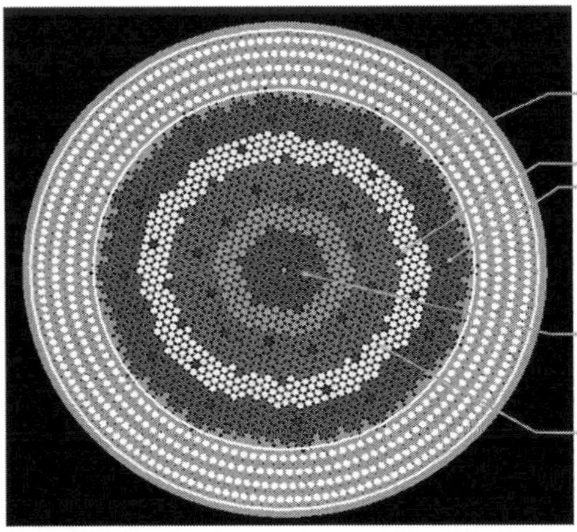

图 1-12 SSTAR 堆芯布局图

由于 SSTAR 大量采用革新技术，现阶段的工程技术和材料工艺暂无法满足 SSTAR 的建造和运行要求，美国于 2011 年对 SSTAR 方案进行了优化设计，推出了更易实现工程化的长寿命小型自然循环铅基快堆 SUPERSTAR。该堆采用弥散体金属燃料 Pu-U-Zr，堆芯换料周期为 15 a，设计热功率为 300 MW，电功率为 120 MW，二回路采用超临界 CO_2

布雷顿循环。图 1-13 给出了 SUPERSTAR 堆本体结构示意图。

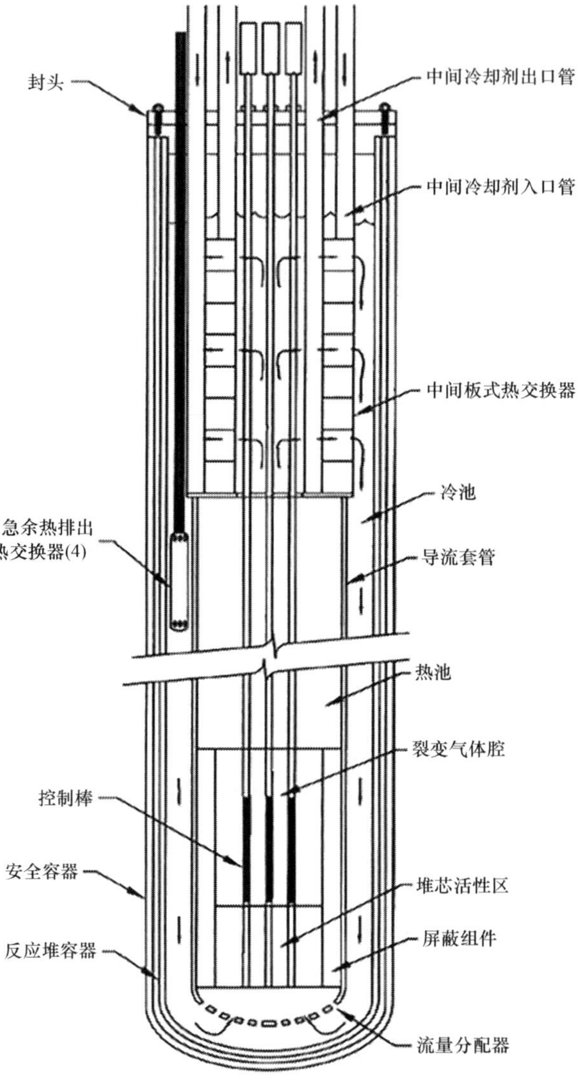

图 1-13　SUPERSTAR 堆本体结构示意图

（2）ENHS 项目

ENHS 是美国伯克利大学于 2008 年提出的模块化“胶囊式核热源”设计方案，主要作为核电池使用，也是 SSTAR 的备选堆芯方案之一。ENHS 计划于 2025 年建造，该堆设计了自然循环和强迫循环两套方案，其功率为 125 MWt/50 MWe，换料周期为 20 a，运行期间燃耗反应性波动小于 1 $ 。其中自然循环设计方案堆芯采用无燃料组件设计，由单一燃料元件棒排列组成[59-60]。ENHS 采用多种燃料及冷却剂设计，使用 PuN-UN 燃料的堆芯比使用 Pu-U（10Zr）燃料的堆芯卸料燃耗高 25%，功率高 38%，具备更小的负多普勒系数、正冷却剂温度系数和空泡系数。ENHS 的 PuN-UN 燃料堆芯 *P/D* 为 1.45，而 Pu-U

(10Zr) 燃料堆芯的 P/D 为 1.36，前者具备更小冷却剂摩擦压降，自然循环能力更强。使用 Na 相比使用 Pb/Pb-Bi 作冷却剂的堆芯栅格更紧凑，但是功率分布较为不均，冷却剂温度系数正值更大，控制棒价值较小[61]。ENHS 的堆本体结构示意图如图 1-14 所示，表 1-10 给出了 ENHS 堆芯主要设计参数。

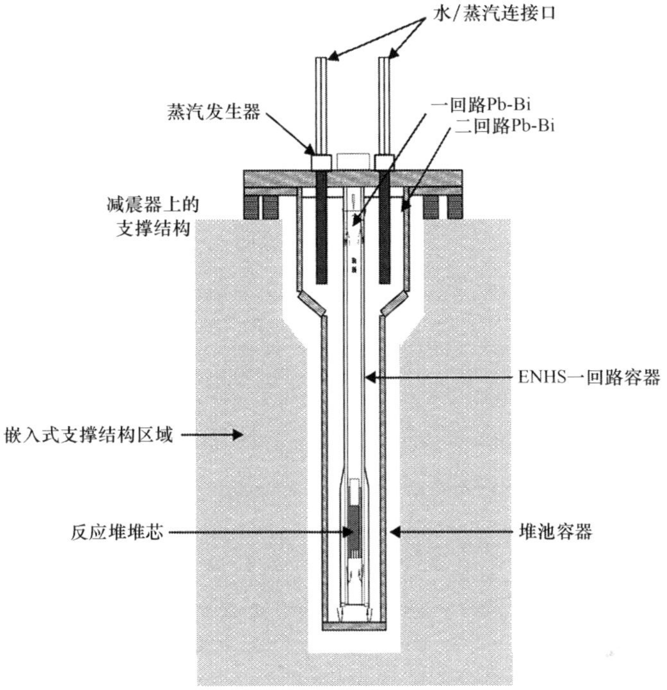

图 1-14　ENHS 堆本体结构示意图

表 1-10　ENHS 堆芯主要设计参数

设计参数	数值
堆芯热功率/MW	125
堆芯一回路进/出口温度/℃	400/545
二回路进/出口温度/℃	358/497
平均线功率/(W/cm)	60
平均卸料燃耗/(MWd/kgHM)	52
换料周期/a	20
燃耗反应性波动/ $	<1
剩余反应性/ $	<1
堆芯等效直径/cm	198
活性区高度/cm	125

续表

设计参数	数值
燃料棒外径/mm	10
P/D 值	1.45
包壳厚度/mm	1
反应堆高度/m	19.6
反应堆直径/m	3.24

4. 韩国

（1）小型长寿命焚烧铅基快堆 PASCAR

韩国从 90 年代初开始铅基快堆的技术研发，国立首尔大学于 2011 年提出了小型长寿命焚烧铅基快堆 PASCAR 概念设计方案，PASCAR 热功率为 100 MW，电功率为 35 MW，采用液态铅铋作为冷却剂，使用添加超铀核素的金属燃料 U-TRU-Zr，堆芯换料周期为 20 a[62-64]。PASCAR 设计建于地下，采用模块化建造组装工艺和整堆换料模式，冷却剂系统和安全系统充分利用非能动设计，具有突出的防核扩散能力和固有安全性能。图 1-15 给出了 PASCAR 的堆本体结构示意图，表 1-11 给出了 PASCAR 的主要设计参数。

PASCAR 堆芯采用大栅径比设计，堆内燃料、冷却剂和结构材料的份额分别为 23.1%、13.4%和 63.5%。堆芯内有 92 盒燃料组件，共 1 932 根燃料棒，堆芯活性区无分区。图 1-16 给出了 PASCAR 的堆芯布局图，表 1-11 给出了 PASCAR 堆芯功率和燃耗特性。

表 1-11　PASCAR 的主要设计参数

参量	数值
堆芯热功率/MW	100
堆芯进/出口温度/℃	320/420
堆芯等效直径/mm	2 060
活性区高度/mm	1 000
平均线功率/(kW/m)	9.47
平均体积功率密度/(MW/m^3)	30
金属燃料 U/TRU/Zr 成分/wt%	73.4/16.6/10
燃料棒外径/mm	12
包壳厚度/mm	0.85
P/D 值	1.4
单个组件盒内燃料棒数目	21

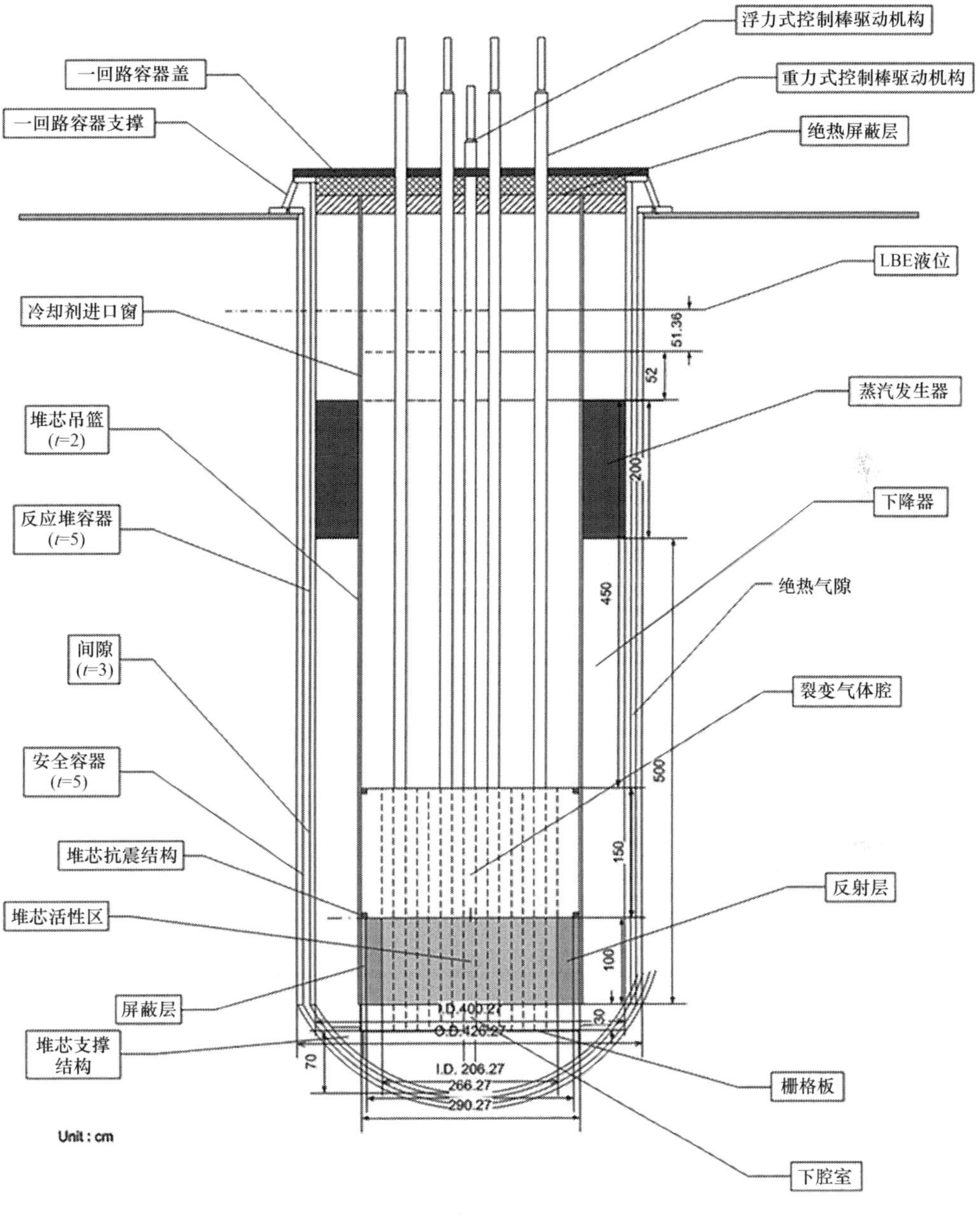

图 1-15　PASCAR 堆本体结构示意图

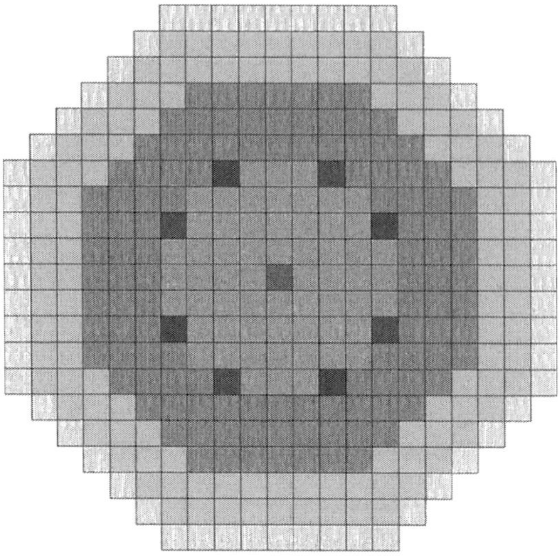

图 1-16　PASCAR 堆芯布局图

表 1-12　PASCAR 燃料棒和组件主要设计参数

参量	数值
堆芯热功率/MW_{th}	100
堆芯寿期/a	20
合金燃料装量/t	10. 435
活性区等效直径/mm	2 062. 7
活性区高度/mm	1 000
平均/最大线功率/(kW/m)	9. 47/15. 32
平均/最大燃耗/(MWd/kg)	69. 96/89. 25
铅铋反射层厚度/mm	3 000
最大中子注量率/(n/cm^2)	3.31×10^{23}
控制棒材料	B_4C
BOC/EOC 堆芯径向功率峰因子	1. 325/1. 216
BOC/EOC 最热棒轴向功率峰因子	1. 219/1. 204

（2）小型模块化自然循环铅基快堆 URANUS

PASCAR 所采用的金属燃料增殖能力强，但在高温高辐照环境中稳定性不佳，限制了堆芯出口温度的提高，影响了反应堆的经济性。针对此问题，国立首尔大学选择使用高富集度的氧化物燃料替代金属燃料；将方形燃料组件设计改为六角形使堆芯更加紧凑，并优化了一回路系统热工水力设计方案等，于 2015 年提出了小型模块化自然循环铅基快堆 URANUS[65-66]。URANUS 功率为 100 MWth/40 MWe，堆芯寿期达 20 a，可用于区域热电联供、海水淡化。图 1-17 给出了 URANUS 堆本体结构，表 1-13 给出了 URANUS 的主要设计参数。

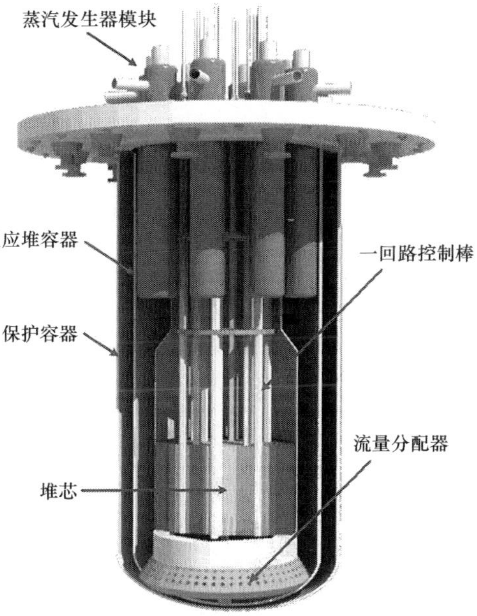

图 1-17 URANUS 堆本体结构示意图

表 1-13 URANUS 的主要设计参数

参量	数值
热功率/MW_{th}	100
堆芯寿期/a	20
反应堆设计寿命/a	60
一回路系统冷却剂	LBE
一回路系统布置方式	紧凑池式
一回路系统冷却剂循环方式	自然循环
正常衰变热导出	一回路自然循环/二回路水/汽强迫循环
辅助衰变热导出	RVACS 系统
燃料	UO_2
二回路水/汽循环	朗肯循环

堆芯活性区包含内外两区燃料组件：内区燃料组件 54 个、外区燃料组件 96 个；3 套控制棒组件：调节棒组件 6 个、第一套停堆组件 1 个、第二套停堆组件 6 个；活性区外包含 108 个反射层组件。图 1-18 为 URANUS 堆芯布置图。反应堆整个寿期内，堆芯燃耗反应性波动在 1 $ 以内。图 1-19 给出了 URANUS 燃料组件设计方案，图 1-20 URANUS 燃料棒设计方案，表 1-14 给出了 URANUS 堆芯主要中子学特性参数，表 1-15 给出了 URANUS 组件主要设计参数，表 1-16 给出了 URANUS 燃料棒主要设计参数。

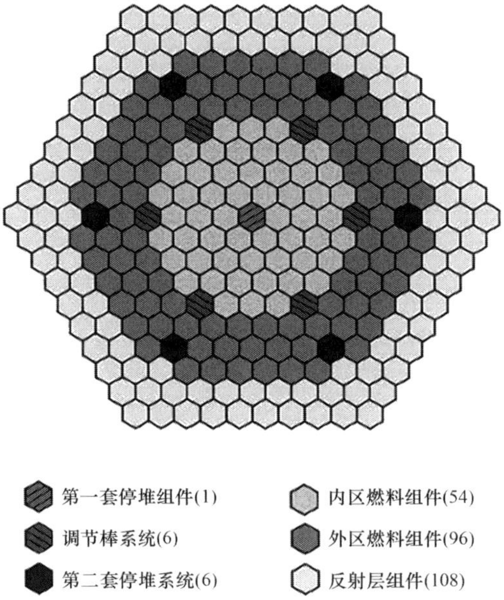

图 1-18　URANUS 堆芯布置图

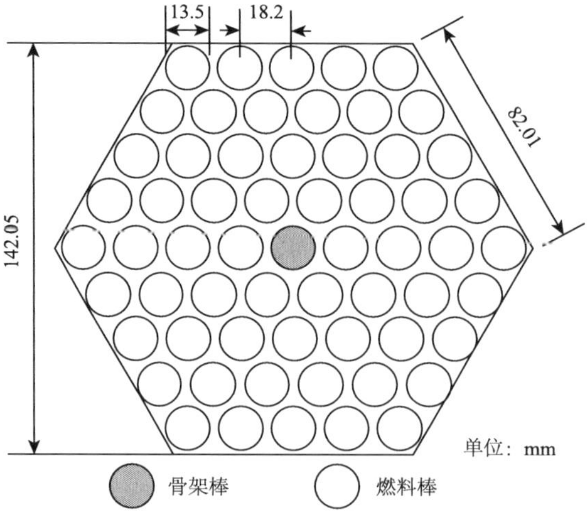

图 1-19　URANUS 燃料组件设计方案

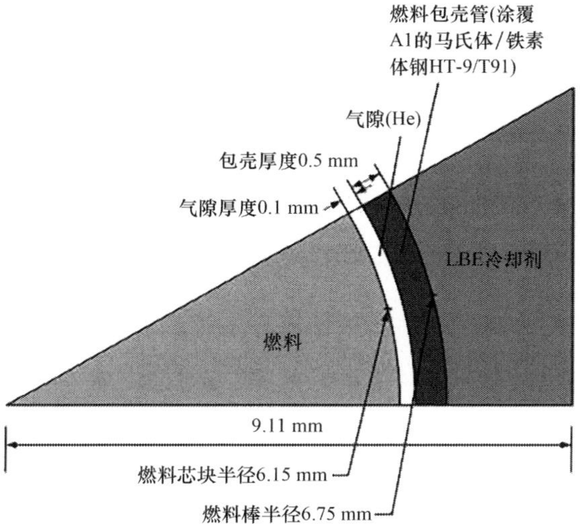

图 1-20　URANUS 燃料棒设计方案

表 1-14　URANUS 堆芯中子学主要特性参数

参量	数值
反应性波动/pcm	109.8
平均 k_{eff}	1.001 615
平均转换比	0.722 7
堆芯平均体积功率/(MW/m^3)	19.42
堆芯平均线功率/(kW/m)	6.17
组件原子位移次数/dpa	堆芯内区：68.7 堆芯外区：76.9
有效缓发中子份额/pcm	676.1
多普勒系数/(pcm/K)	-0.873 9
燃料轴向膨胀系数/(pcm/K)	-0.240 4
堆芯径向膨胀系数/(pcm/K)	-0.310 5
冷却剂温度系数/(pcm/K)	-0.287 4

表 1-15　URANUS 组件主要设计参数

参量	数值
单个燃料组件内燃料棒数目	60
P/D	1.35
燃料棒中心间距/mm	18.2
燃料棒外径/mm	13.5

续表

参量	数值
活性区高度/mm	1 800
活性区直径/mm	1 900
裂变气体腔高度/mm	1 300
下部腔室高度/mm	300

表 1-16　URANUS 燃料棒主要设计参数

参量	数值	参量	数值
燃料	UO_2	燃料棒外径/mm	13. 5
富集度/%	堆芯内区：9. 35	包壳-芯块间隙/mm	0. 10
	堆芯外区：17. 75	包壳厚度/mm	0. 5
UO_2芯块直径/mm	12. 3	包壳材料	铝涂覆铁素体钢

1. 2. 2　国内研究现状

（1）清华大学

清华大学的余纲林等于 2007 年提出了使用钍基燃料和铅铋冷却剂构造小型长寿命堆芯的设想，详细计算了使用不同的初始驱动燃料、不同栅格、燃料成分和类型、燃料富集度条件下细致分析了燃料栅元的燃耗特性、中子能谱、燃料转换比及核素量变化等，燃料栅元的中子学参数，系统研究了^{233}U在中高能区的核特性，及钍基燃料运用于长寿命堆设计的优势，经过对比初步确定了使用钍-钚燃料构造长寿命堆芯的物理条件[67]。

2010 年，余纲林等在使用 PuO_2-ThO_2燃料的基础上，根据长寿命堆芯在物理和热工性能方面自然循环的要求，提出了一种采用乏燃料钚-钍燃料的长寿命堆概念设计方案，堆芯布置图如图 1-21 所示。该堆采用的 Pb-Bi 合金冷却剂，结构材料为马氏体/铁素体钢 HT-9，堆芯主要参数见表 1-17。堆芯平均卸料燃耗为 90 MWd/kgHM，换料周期25 a，堆芯的活性区高度和等效直径均为 2 m，燃料棒径为 10 mm，栅格比为 1. 5。堆芯外围设计了较厚的外围流道和围板，可作为反射层以及屏蔽层，也可以作为外围反应性控制装置的布置区域。堆芯中心有较宽的冷却剂流道，既可以布置紧急停堆棒，也可以展平堆芯的径向功率分布，提高堆芯的平均卸料燃耗[68]。该堆堆芯主要物理性能参数如表 1-18 所示。

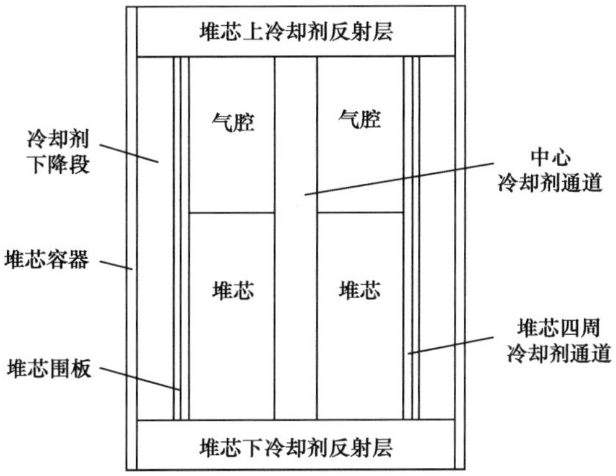

图 1-21　清华大学长寿命自然循环铅基快堆堆芯结构图

表 1-17　长寿命铅冷快堆燃料棒设计参数

类型	参数
燃料类型	PuO_2-ThO_2
燃料富集度/%	18
钚同位素中易裂变核素质量份额/%	71
燃料棒外径/mm	10
包壳厚度/mm	1. 25
燃料栅格形状	三角形
栅径比	1. 5
栅距/mm	18. 75

表 1-18　长寿命反应堆堆芯物理性能参数

参数	BOL	EOL
k_{eff}	1. 007 71	1. 019 98
热功率/MW	138	138
平均卸料燃耗/(MWd/kgHM)	0	90
最大卸料燃耗/(MWd/kgHM)	0	166. 5
运行时间/d	0	9 000
比功率/(W/g)	10	11
平均中子注量率/($cm^{-2}s^{-1}$)	4.43×10^{14}	4.17×10^{14}
快中子（>0. 1 MeV）注量率份额/%	56. 5	57. 3
中子注量/cm^{-2}	0	3.3×10^{23}

续表

参数	BOL	EOL
堆芯功率峰因子	1.882	1.825
平均线功率密度/(W/cm)	76.9	76.9
温度系数/(pcm/℃)	-1.495	-1.002
空泡系数/%	1.696	-1.938

（2）中国核动力研究设计院

2008 年，中国核动力研究设计院的刘晓黎等开展了长寿命铅基快堆燃料装载研究，堆芯采用金属燃料、铅铋冷却剂。从核设计角度开展燃料初始含量、燃料栅径比等关键参量的研究，给出了长寿命铅基快堆物理设计限制区域，并对该区域内的边界和内部点对应的堆芯装载量进行了堆芯循环长度及反应性扰动分析[69]。

（3）西安交通大学[70-72]

2014 年，西安交通大学的袁显宝等提出了小型模块化长寿命铅铋冷却快堆概念设计方案 SMPBN，堆芯热功率为 300 MW，采用氮化物燃料，其中乏燃料钚作为反应堆的驱动燃料，钍作为增殖燃料，可有效解决铀资源缺乏对核电发展的制约，同时可满足20 a 满功率运行，寿期内不需要倒料及换料且反应性波动几乎为零。SMPBN 堆芯平均卸料燃耗为 186.33 MWd/kgHM。整个寿期内，堆芯平均转换比约为 0.97，功率峰因子为 1.36，最大线功率密度为 8.2 kW/m，重要反应性系数均为负值。堆芯燃料组件采用四区布置，中心两圈燃料的中间部分布置了 ThN 的增殖层，以提高燃料的转换比、展平功率分布和降低堆芯的空泡系数。燃料棒和组件设计如图 1-22 所示，堆芯布置如图 1-23 所示，堆芯参数如表 1-19 所示。

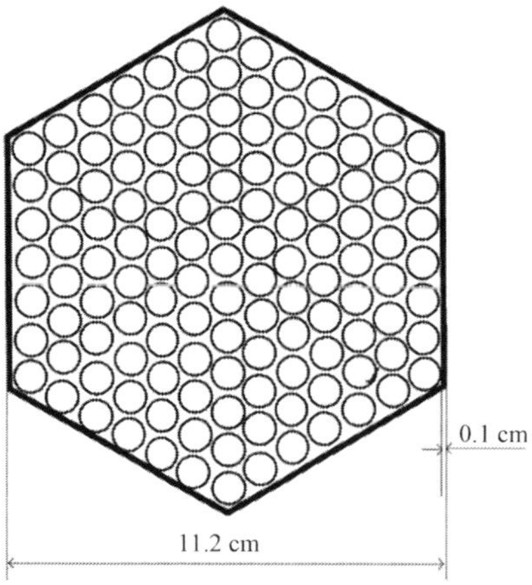

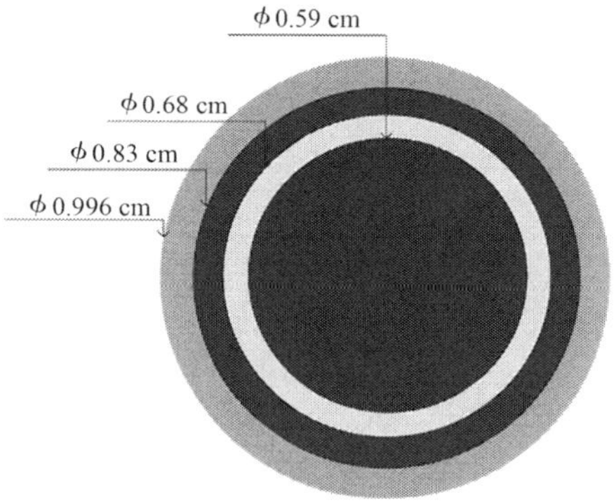

图 1-22　SMPBN 燃料棒及燃料组件设计

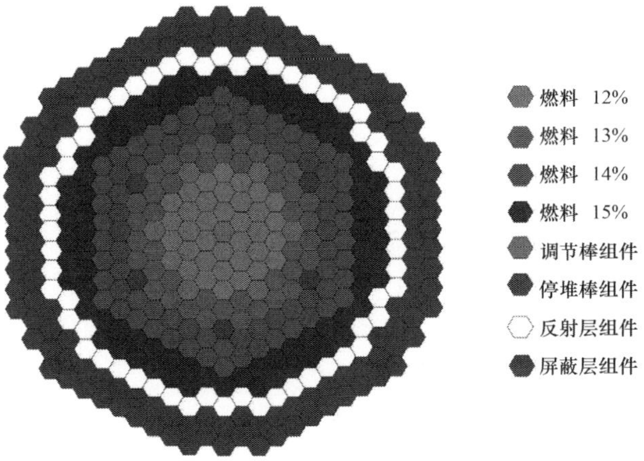

图 1-23 SMPBN 堆芯布置图

表 1-19 堆芯物理性能表

参数	数值
热功率/MW	300
燃料	PuN+ThN
包壳材料	T91
冷却剂	Pb-Bi
控制棒材料	B_4C
重金属燃料装量/t	19.41
活性区高度/m	1.95
活性区直径/m	1.957
进/出口温度/℃	320/500
燃料组件数目	240
控制组件数目	13
反射层组件数目	60
屏蔽层组件数目	138
组件对边距/cm	11.2
组件内燃料棒数目	127
栅径比 *P/D*	1.2
燃料棒直径/mm	8.3
最大线功率密度/(kW/m)	8.2
最大燃料中心线温度/℃	676

续表

参数	数值
最大包壳表面温度/℃	650
平均燃耗/(MWd/kgHM)	186.33

(4) 中国科学技术大学

2014 年，中国科学技术大学的陈红丽等人设计了多功能小型模块化自然循环铅基快堆 SNCLFR-100，主要用于区域供电、热电联供、海水淡化和制氢等领域。SNCLFR-100 设计功率 100 MW，一回路冷却剂系统采用典型池式结构设计，使用液态铅作为冷却剂，表 1-20 给出了该反应堆的基本设计参数。SNCLFR-100 采用富集度为 20%左右的 MOX 燃料，堆芯活性区径向分为 3 个区域，由 204 个燃料组件，36 个控制棒组件，48 个反射组件和 84 个屏蔽组件组成，如图 1-24 所示，表 1-21 给出了 SNCLFR-100 堆芯的主要设计参数[73-78]。

表 1-20　SNCLFR-100 反应堆设计参数

参数	数值	参数	数值
热功率/电功率/MW	100/40	二回路系统压力/MPa	18
热效率/%	40%	二回路出口蒸汽温度/℃	457
堆芯进出口温度/℃	400/480	主热交换器数目/个	4
堆芯冷却剂流量/(kg/s)	8 528	主热交换器结构形式	管壳式
二回路给水温度/℃	330	换料间隔时间/a	10
二回路冷却剂流量/(kg/s)	64	设计寿命/a	30

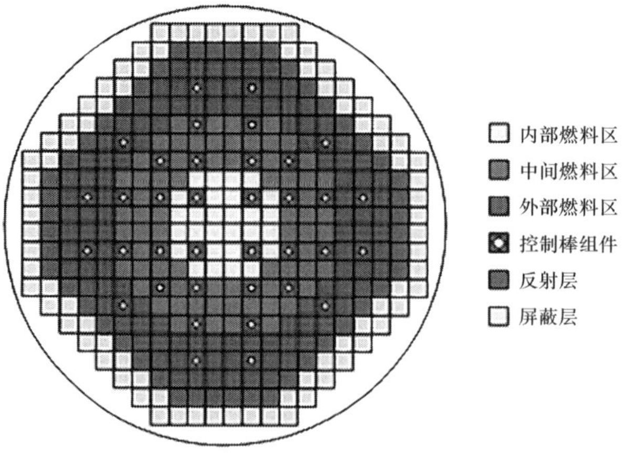

图 1-24　SNCLFR-100 堆芯布置图

表 1-21 SNCLFR-100 堆芯主要设计参数

参量	值	参量	值
活性区高度/mm	1 000	燃料棒栅距/mm	17.9
等效直径/mm	2 800	燃料组件内燃料棒数	81
燃料富集度（内）	PuO_2（16%）+UO_2（84%）	控制棒组件内燃料棒数	72
燃料富集度（中）	PuO_2（19%）+UO_2（81%）	组件中心距/mm	160
燃料富集度（外）	PuO_2（24%）+UO_2（76%）	组件定位类型	定位格架
芯块直径/mm	9.8	包壳材料	T91 钢

1.3 小 结

表 1-22 给出了国内外长寿命小型铅基快堆的研究现状列出了具有代表性的堆芯方案的设计参数。由表 1-22 可发现，国内外长寿命小型铅基快堆技术研发具有如下研究趋势：

表 1-22 国内外代表性长寿命小型自然循环铅基快堆方案设计参数

参数	ELECTRA	SEALER	SSTAR	URANUS	PASCAR	ENHS	长寿命铅基堆	SPMBN	SNCLFR-100
热功率/MW	0.5	8	45	100	100	125	138	300	100
换料周期/a	30	30	30	20	20	20	25	20	10
燃料类型	（PuZr）N	UO_2	TRUN	UO_2	U-TRU-Zr	PuN-UN	PuO_2-ThO_2	PuN-ThN	MOX
冷却剂类型	Pb	Pb	Pb	Pb-Bi	Pb	Pb/Pb-Bi	Pb-Bi	Pb-Bi	Pb
堆芯活性区等效直径/cm	20	80	122	190	206	198	200	196	280
堆芯活性区高度/cm	30	110	97.6	180	100	125	200	195	100
平均体积功率密度/（W/cm^3）	53.05	14.47	26.20	19.42	30.00	32.47	21.96	50.99	16.24

续表

参数	ELECTRA	SEALER	SSTAR	URANUS	PASCAR	ENHS	长寿命铅基堆	SPMBN	SNCLFR-100
平均线功率密度/(W/cm)	42.00	42.06	282.17	61.70	94.70	60.00	—	76.90	52.3
平均卸料燃耗/(MWd/kgHM)	46.88	21.36	81	35.71	69.96	52	90	186.33	27.5
燃料棒直径/mm	12.6	14.5	25.0	13.5	12.0	10.0	10.0	8.3	12.2
P/D	1.111	1.127	1.185	1.35	1.4	1.45	1.5	1.2	1.43
包壳材料	15-15Ti	15-15Ti	T91	HT-9	HT-9	HT-9	HT-9	T91	T91
控制棒棒/组件/转鼓数量	6	6	54	13	9	—	—	13	36

1）国内外设计的长寿命小型自然循环堆的热功率在 0.5～300 MW 之间，其中 100 MW堆芯方案的换料周期约为 20 a，堆芯活性区高度和直径几乎均小于等于 2 m。

2）铅基快堆的燃料有多种类型，目前尚未针对长寿命小型自然循环铅基快堆的燃料选型给出定论，其中多数方案选用氧化物或氮化物燃料，部分采用金属燃料；采用 Pb 作冷却剂的方案略多于 Pb-Bi。UO_2和 MOX 燃料的优势在于制造技术成熟，运行经验丰富；同时在高温高辐照环境中化学性质较稳定，但其增殖性能较弱，需要装载大量燃料以维持反应堆长寿期运行，堆芯尺寸较大，且氧化物燃料高的含氧量会引起高的燃料-包壳化学反应风险。金属燃料和氮化物燃料的增殖性能较好，但是前者会溶于液态铅，与冷却剂无法共存。氮化物燃料拥有高的热导率、低的肿胀率与气体释放率，能够很好地与液态铅共存，并表现出比氧化物燃料更好的稳定性。因此，选取氮化物作为长寿命堆芯燃料具有优势。钍基燃料转化生成的^{233}U 在中高能区具备较好的核特性，适用于较大 *P/D* 的快堆堆芯设计，能更好满足反应堆自然循环要求。Pb 和 Pb-Bi 的化学性质、中子反应截面不尽相同，用作冷却剂的堆芯物理特性、热工特性也会存在差异，Pb 与 Pb-Bi 做长寿命堆芯的冷却剂的优劣需要进一步研究。

3）铅基快堆的燃料棒直径多数分布在 10～14.5 cm，栅径比 *P/D* 在 1.111～1.5 之间，相比钠冷快堆的燃料棒（<9 mm）更粗，堆芯更为松散，较大的 *P/D* 有利于提升堆芯自然循环能力。铅基快堆选取的包壳材料有结构材料主要有铁素体/马氏体钢 T91、HT-9、奥氏体不锈钢 15-15Ti 三种。反应性控制系统除了功率为 0.5 MW 的 ELECTRA 采

用控制转鼓外，其他方案均采用控制棒或组件设计。长寿命自然循环铅基快堆堆芯的平均体积功率密度较小，在14.47~50.99 W/cm^{3}之间，8个堆芯方案的平均卸料燃耗小于等于90 MWd/kgHM。堆芯的平均体积功率密度较小，卸料燃耗还可以进一步加深，这说明现有长寿命堆芯的经济性还有较大提升空间。部分堆芯方案设计（如SSTAR、ELECTRA）出现了正冷却剂温度系数和空泡系数，整体反应性负反馈较小，铅基快堆还可以进一步改善反应性系数并提高固有安全性。

综上所述，国外尤其是俄罗斯、欧盟、美国和韩国对长寿命铅基快堆技术均开展了较为全面和深入的研究，长寿命小型自然循环铅基快堆已成为各国长寿命铅基快堆技术研发的重要发展方向之一，部分长寿命小型自然循环铅基快堆已进入建造阶段并近年将投入运行，各国均拥有较为丰富的长寿命铅基快堆设计技术和经验积累。与之相比，我国在长寿命铅基快堆的研发方面尚处于起步阶段，亟须开展相应设计方法研究、反应堆方案设计优化和物理/热工性能分析工作，为我国小型长寿命铅基快堆技术发展提供技术参考。

参考文献

[1] Lorusso P, Bassini S, Del Nevo A, et al. GEN-IV LFR development: Status & perspectives [J]. Progress in Nuclear Energy, 2018, 105: 318-331.

[2] 杨勇，王静，徐銤. 我国基于快堆的可持续核能系统发展思考 [J]. 中国工程科学, 2018, 20 (3): 32-38.

[3] 吴宜灿，王明煌，黄群英，等. 铅基反应堆研究现状与发展前景 [J]. 核科学与工程, 2015, 35 (2): 213-221.

[4] Zhang J. Lead-Bismuth Eutectic (LBE): A Coolant Candidate for Gen. IV Advanced Nuclear ReactorConcepts [J]. Advanced Engineering Materials, 2014, 16 (4): 349-356.

[5] 吴宜灿. 革新型核能系统安全研究的回顾与探讨 [J]. 中国科学院院刊, 2016, 31 (5): 567-573.

[6] Alemberti A, Smirnov V, Smith C F, et al. Overview of lead-cooled fast reactor activities [J]. Progress in Nuclear Energy, 2014, 77: 300-307.

[7] Rubbia C, Rubio J A, Buono S, et al. Conceptual Design of a Fast Neutron Operated High Power Energy Amplier, CERN/AT/95-44 (ET) [R]. CERN, 1995.

[8] Smith C F, Cinotti L. Lead-cooled fast reactor [M] //Handbook of Generation IV Nuclear Reactors. Woodhead Publishing, 2016: 119-155.

[9] Samokhin DS, Khorasanov G L, Tormyshev I V, et al. Low-power lead-cooled fast reactor for education purposes [J]. Nuclear Energy and Technology, 2015, 1 (3): 191-194.

[10] Wade D C. STAR-H2: A Pb-Cooled, Long Refueling Interval Reactor for Hydrogen Production [J]. Nuclear Hydrogen Production Handbook, 2016: 347.

[11] Choi S, Cho J H, Bae M H, et al. PASCAR: Long burning small modular reactor based

on natural circulation [J]. Nuclear Engineering and Design, 2011, 241 (5): 1486-1499.

[12] Shin Y H, Choi S, Cho J, et al. Advanced passive design of small modular reactor cooled by heavy liquid metal natural circulation [J]. Progress in Nuclear Energy, 2015, 83: 433-442.

[13] Ha RK, Min B B, Hyun L T, et al. Natural circulation characteristics under various conditions on heavy liquid metal test loop [J]. International Journal of Thermal Sciences, 2018, 132: 316-321.

[14] 彭天骥, 顾龙, 王大伟, 等. 中国加速器驱动嬗变研究装置次临界反应堆概念设计 [J]. 原子能科学技术, 2017, 51 (12): 2235-2241.

[15] 詹文龙, 徐瑚珊. 未来先进核裂变能——ADS 嬗变系统 [J]. 中国科学院院刊, 2012, 27 (3): 375-381.

[16] Yuan X, Cao L, Wu H. Pre-conceptual study of small modular PbBi-cooled nitride fuel reactor core characteristics [J]. Nuclear Engineering and Design, 2015, 285: 23-30.

[17] Wang M, Huang H, Lian C, et al. Conceptual design of lead cooled reactor for hydrogen production [J]. International Journal of Hydrogen Energy, 2015, 40 (44): 15127-15131.

[18] Chen H, Zhao C, Chong C, et al. Conceptual design of a small modular natural circulation lead cooled fast reactor SNCLFR-100 [J]. International Journal of Hydrogen Energy, 2016, 41 (17): 7158-7168.

[19] Chikazawa Y, Konomura M, Mizuno T, et al. A Conceptual Design Study of a Small Natural Convection Lead-Bismuth-Cooled Reactor Without Refueling for 30Years [J]. Nuclear Technology, 2006, 154 (2): 142-154.

[20] Hong S G, Kim J H, You W S. A neutronic design study of lead-bismuth-cooled small and safe ultra-long-lifecores [J]. Annals of Nuclear Energy, 2015, 85: 58-67.

[21] Alemberti A. The lead fast reactor: an opportunity for the future? [J]. Engineering, 2017.

[22] Alemberti A, Frogheri M L, Hermsmeyer S, et al. Lead-cooled Fast Reactor (LFR) Risk and Safety Assessment White Paper [C] //GEN IV International Forum, 2014.

[23] Cinotti L, Smith C F, Sekimoto H. Lead-cooled fast reactor (LFR) overview and perspectives [R]. Lawrence Livermore National Lab. (LLNL), Livermore, CA (United States), 2009.

[24] Zrodnikov A V, Toshinsky G I, Komlev O G, et al. Nuclear power development in market conditions with use of multi-purpose modular fast reactors SVBR-75/100 [J]. Nuclear Engineering and Design, 2006, 236 (14-16): 1490-1502.

[25] Zrodnikov A V, Toshinsky G I, Komlev O G, et al. SVBR-100 module-type fast reactor of the IV generation for regional power industry [J]. Journal of Nuclear Materials, 2011, 415 (3): 237-244.

[26] Zrodnikov A V, Toshinskii G I, Grigor'ev O G, et al. SVBR-75/100 Multipurpose Modular Low-Power Fast Reactor with Lead—BismuthCoolant [J]. Atomic Energy, 2004, 97 (2): 528-533.

[27] Guo C, Lu D, Zhang X, et al. Development and application of a safety analysis code for small Lead cooled Fast Reactor SVBR 75/100 [J]. Annals of Nuclear Energy, 2015, 81: 62-72.

[28] Toshinskii G I, Komlev O G, Martynov P N, et al. Lead-bismuth cooled fast reactor for regional powergeneration [J]. Atomic Energy, 2012, 111 (5): 361-365.

[29] Novikova N N, Komlev O G, Toshinsky G I. Neutronic and physical characteristics of reactor SVBR-75/100 with different types of fuel [C] //Proceedings of the 2006 international congress on advances in nuclear power plants-ICAPP'06. 2006.

[30] Zrodnikov A V, Toshinsky G I, Komlev O G, et al. Innovative nuclear technology based on modular multi-purpose lead—bismuth cooled fast reactors [J]. Progress in Nuclear Energy, 2008, 50 (2-6): 170-178.

[31] Petrochenko V, Toshinsky G, Komlev O. SVBR-100 nuclear technology as a possible option for developing countries [J]. World Journal of Nuclear Science and Technology, 2015, 5 (3): 221.

[32] Wallenius J, Suvdantsetseg E, Fokau A. ELECTRA: European lead-cooled training reactor [J]. Nuclear Technology, 2012, 177 (3): 303-313.

[33] Wallenius J, Suvdantsetseg E, Borrot S, et al. ELECTRA: A lead cooled reactor for training and education [C] //Proceedings of the fourth conference "Heavy liquid metal coolants in nuclear technologics" (HLMC 2013). 2013: 29-42.

[34] Suvdantsetseg E, Wallenius J. An assessment of prompt neutron reproduction time in a reflector dominated fast critical system: ELECTRA [J]. Annals of Nuclear Energy, 2014, 71: 159-165.

[35] Suvdantsetseg E, Wallenius J, Bortot S. Optimization of the reactivity control drum system of ELECTRA [J]. Nuclear Engineering and Design, 2012, 252: 209-214.

[36] Suvdantsetseg E. Neutronics and Transient Analysis of a Small Fast Reactor Cooled with Natural Circulation of Lead: ELECTRA: European Lead Cooled Training Reactor [D]. KTH Royal Institute of Technology, 2014.

[37] Suvdantsetseg E, Wallenius J. An assessment of prompt neutron reproduction time in a reflector dominated fast critical system: ELECTRA [J]. Annals of Nuclear Energy, 2014, 71: 159-165.

[38] Alhassan E, Sjöstrand H, Duan J, et al. Uncertainty analysis of Lead cross sections on reactor safety for ELECTRA [C] //SNA + MC 2013-Joint International Conference on Supercomputing in Nuclear Applications+ Monte Carlo. EDP Sciences, 2014: 02401.

[39] Alhassan E, Sjöstrand H, Helgesson P, et al. Uncertainty and correlation analysis of lead

nuclear data on reactor parameters for the European Lead Cooled Training Reactor [J]. Annals of Nuclear Energy, 2015, 75: 26-37.
[40] Sjöstrand H, Alhassan E, Duan J, et al. Propagation of nuclear data uncertainties for ELECTRA burn-upcalculations [J]. Nuclear Data Sheets, 2014, 118: 527-530.
[41] Królikowski I P, Cetnar J. Neutronic and thermal-hydraulic coupling for 3D reactor core modeling combining MCB andfluent [J]. Nukleonika, 2015, 60 (3): 531-536.
[42] Wallenius J, Qvist S, Mickus I, et al. Design of SEALER, a very small lead-cooled reactor for commercial power production in off-grid applications [J]. Nuclear Engineering and Design, 2018, 338: 23-33.
[43] Wallenius J, Qvist S, Mickus I, et al. SEALER: a small lead-cooled reactor for power production in the CanadianArctic [J]. 2017.
[44] Mickus I, Wallenius J, Bortot S. Preliminary Transient Analysis of SEALER [J]. proceedings of FR17, IAEA-CN-245-433, IAEA, 2017.
[45] Ekelund T. Severe accident assessment of a small lead cooled reactor [J]. 2015.
[46] Wallenius J, Ejenstam J, Szakalos P. SEALER-3: A very small lead fast reactor for the Canadian market [J]. 2014.
[47] Wallenius J, Bortot S. A small lead-cooled reactor with improved Am-burning and non-proliferation characteristics [J]. Annals of Nuclear Energy, 2018, 122: 193-200.
[48] MacDonald P E, Todreas N. Design of an Actinide Burning, Lead or Lead-Bismuth Cooled Reactor That Produces Low Cost Electricity [J]. LDRD FY-01 Annual Report, 2000.
[49] Buongiorno J, Davis C, Herring S. et al., Design of an Actinide Burning, Lead or Lead-Bismuth Cooled Reactor That Produces Low Cost Electricity [J]. LDRD FY-01 Annual Report, 2001.
[50] MacDonald P E, Buongiorno J. Design of an Actinide Burning, Lead or Lead-Bismuth Cooled Reactor That Produces Low Cost Electricity [J]. LDRD FY-01 Annual Report, 2002.
[51] Smith C F, Halsey W G, Brown N W, et al. SSTAR: The US lead-cooled fast reactor (LFR) [J]. Journal of Nuclear Materials, 2008, 376 (3): 255-259.
[52] Sienicki J J, Moisseytsev A, Yang W S, et al. Status report on the Small Secure Transportable Autonomous Reactor (SSTAR) /Lead-cooled Fast Reactor (LFR) and supporting research and development [R]. Argonne National Lab. (ANL), Argonne, IL (United States), 2008.
[53] Sienicki J J, Spencer B W. Power optimization in the STAR-LM modular natural convection reactor system [R]. Argonne National Lab., IL (US), 2002.
[54] Moisseytsev A. Passive load follow analysis of the STAR-LM and STAR-H2 systems [D]. Texas A&M University, 2004.
[55] Sienicki J J, Moisseytsev A, Wade D C, et al. Status of development of the small secure

transportable autonomous reactor（SSTAR）for worldwide sustainable nuclear energy supply [R]. Argonne National Laboratory（United States）. Funding organisation：USDOE Office of Nuclear Energy，2008.

[56] Sienicki J J，Moisseytsev A V，Pfeiffer P A，et al. SSTAR lead-cooled，small modular fast reactor with nitride fuel [C] //Proc. Workshop on Advanced Reactors with Innovative Fuels，2005：16-18.

[57] Sienicki J J，Moisseytsev A，Bortot S，et al. SUPERSTAR：an improved natural circulation，lead-cooled，small modular fast reactor for international deployment [C] // Proceedings of ICAPP. 2011.

[58] Bortot S，Artioli C，Ricotti M E. Feasibility Studies and Scope Analyses for a SUPERSTAR Demonstrator Neutronics Design [J]. Fusion Science and Technology，2012，61（1T）：329-337.

[59] Monti L，Lee K B，Fratoni M，et al. Recycling-Independent Core Design for the ENHS Fuel Self-Sustaining Reactor [J]. Nuclear Science and Engineering，2009，161（1）：1-21.

[60] Wade D C，Feldman E，Sienicki J，et al. ENHS：The encapsulated nuclear heat source—A nuclear energy concept for emerging worldwide energy markets [C] //10th International Conference on Nuclear Engineering. American Society of Mechanical Engineers，2002：583-590.

[61] Hong S G，Greenspan E，Kim Y I. The encapsulated nuclear heat source（ENHS）reactor core design [J]. Nuclear technology，2005，149（1）：22-48.

[62] Choi S，Cho J H，Bae M H，et al. PASCAR：Long burning small modular reactor based on natural circulation [J]. Nuclear Engineering and Design，2011，241（5）：1486-1499.

[63] Hwang I S，Kim M H，Joo H G，et al. PASCAR-a Small Modular Reactor for PEACER Demonstration [C] //Transactions of the Korean Nuclear Society Spring Meeting，2008.

[64] Hahn D. Generation IV concepts in Korea [M] //Handbook of Generation IV Nuclear Reactors. Woodhead Publishing，2016：335-371.

[65] Choi S，Hwang I S，Cho J H，et al. URANUS：Korean lead-bismuth cooled small modular fast reactor activities [C] //ASME 2011 Small Modular Reactors Symposium. American Society of Mechanical Engineers，2011：107-112.

[66] Kwak J，Kim H R. Development of innovative reactor - integrated coolant system design concept for a small modular lead fast reactor [J]. International Journal of Energy Research，2018，42（13）：4197-4205.

[67] 余纲林，王侃. 小型长寿命核能系统燃料物理性能的研究 [J]. 核动力工程，2007，28（4）：5-8.

[68] 余纲林，王侃. 一种钍基长寿命反应堆堆芯的物理设计 [J]. 核动力工程，2010（s2）：119-123.

[69] 刘晓黎，咸春宇. 铅-铋合金冷却长循环堆芯物理设计限制区域研究 [J]. 核动力工

程，2008，29（4）.
［70］袁显宝，曹良志，吴宏春. 铅铋冷却氮化物燃料小型模块化快中子反应堆堆芯物理特性分析［J］. 核技术，2017（10）.
［71］袁显宝，曹良志. 铅铋冷却氮化物燃料小型模块化反应堆堆芯中子学特性分析［J］. 核动力工程，2014（s2）：38-40.
［72］雷驰，吴宏春，曹良志等. 小型可运输长寿命铅铋冷却快堆堆芯设计研究［J］. 原子能科学技术，DOI: 10.7538/yzk.2018.youxian.0778.
［73］陈钊. 小型自然循环铅冷快堆 SNCLFR-100 热工水力设计与安全分析研究［D］. 中国科学技术大学，2015.
［74］赵鹏程. 小型自然循环铅冷快堆 SNCLFR-100 一回路主冷却系统热工安全分析［D］. 2017.
［75］张浩然. 小型模块化自然循环铅冷快堆（SNCLFR-100）初步物理设计及燃耗优化［D］. 2017.
［76］Zhao P，Shi K，Li S，et al. CFD analysis of the primary cooling system for the small modular natural circulation lead cooled fast reactor SNRLFR-100［J］. Science and Technology of Nuclear Installations，2016.
［77］Li S，Cao L，Khan M S，et al. Development of a sub-channel thermal hydraulic analysis code and its application to lead cooled fast reactor［J］. Applied Thermal Engineering，2017，117：443-451.
［78］Zhang H，Chen H，Chen C，et al. Burnup optimization of small natural circulation lead cooled fast reactor［J］. Annals of Nuclear Energy，2017，103：424-430.

第 2 章

长寿命小型自然循环铅基快堆设计方法及工具

2.1 设计目标及设计限值

通过研究影响铅基快堆堆芯长寿命、小型化和自然循环设计的关键因素，提出热功率为 100 MW，换料周期为 30 a 的长寿命小型自然循环铅基快堆 SPALLER（Small Passive Long-life LEad-cooled fast Reactor）概念设计方案，尽可能减小堆芯尺寸，提高卸料燃耗，提升反应堆经济性；分析 SPALLER 堆芯的中子学参数与自然循环能力，揭示长寿命小型自然循环铅基快堆堆芯的关键物理与热工特性。

SPALLER 的具体设计目标及设计限值如下：

（1）换料周期为 30 a，卸料燃耗大于 150 MWd/kgHM

长寿命设计要求反应堆具备很长的换料周期，以满足特种环境下反应堆的无人/少人值守要求。在满足长寿期的基础上，应尽可能降低燃料装载量，加深卸料燃耗，提高反应堆系统的经济性。目前美国 ANL 在 EBR-Ⅱ上的辐照经验表明金属燃料可达到约 200 MWd/kgHM的燃耗深度；弥散燃料则可以达到更高的燃耗深度[1-3]。

（2）堆芯具备合理的燃料转换比，反应性波动较小

在不大幅增加燃料中易裂变核素质量分数的情况下，要实现反应堆的长寿命，需要堆芯具备合理的燃料转换比，较小转换比的堆芯不能产生足够的易裂变核素以维持临界，较大的转换比会使得反应性波动过大，增加反应性控制的难度及控制棒失控抽出事故的严重性。小型铅基快堆的调节棒组件一般不超过 10 个，每个组件引入的反应性应小于 1 $，堆芯采用 Pu 燃料时的缓发中子份额较小，约为 300 pcm，调节棒组件引入的总反应性应小于3 000 pcm，考虑一定裕量，限制在整个寿期内反应性波动小于 2 000 pcm。

（3）具备较好的固有安全性，反应性系数均为负值

为了保证反应堆的安全运行，要求反应性系数为负值，以形成由温度或空泡份额变化引起反应性变化的负反馈效应，使反应堆具备内在的稳定性，即固有安全性。

（4）功率分布较为均匀，功率峰因子较小

在堆芯中，功率分布的不均匀性将直接影响反应堆运行的经济性和安全性，由于堆芯内的最大功率密度受到安全传热的限制，整个反应堆内的功率分布越不均匀，从而给定体积的反应堆输出的总功率也就越少，由此在反应堆设计和核电厂运行中总是要想方设法地降低堆芯功率分布的不均匀性。本文限定 SPALLER 的径向功率峰因子小于 1.3。

（5）结构材料长时间耐辐照，耐铅或铅铋腐蚀

核燃料组件在反应堆中的辐照时间长短，即最长换料周期主要由结构材料辐照限值决定，而快堆中结构材料的辐照限值主要由其所能承受的快中子注量峰值决定，快中子指的是能量大于0.1 MeV的中子，快中子注量峰值指在一定时间内某一材料栅元所能达到的快中子注量率积分值的最大值。比如目前铅基快堆常用的包壳材料T91钢所能承受的最高快中子注量峰值为 4×10^{23} n/cm^2[4]。除了耐中子辐照外，结构材料还需要耐铅腐蚀，为缓解铅腐蚀作用，要求冷却剂流速小于2 m/s[5]。除了T91钢外，比较适用于铅基快堆的材料还有HT-9和15-15Ti。

（6）燃料包壳的最大温度不超过550 ℃

燃料棒包壳是防止反应堆放射性外泄的第一道安全屏障。为确保反应堆运行的安全性，在任何工况下，都应避免出现燃料棒包壳熔化，因此限制稳态工况下燃料包壳的最大温度不超过550 ℃，瞬态工况下不超过650 ℃[6]。

（7）反应堆系统尺寸尽可能小，堆芯活性区等效直径和高度小于2 m

长寿命小型自然循环反应堆主要是作为移动核电源用于偏远、海岛、深海等无人值守或少人值守区域。小的体积更有利于反应堆灵活布置与运输，并提高反应堆的经济性。参考国际长寿命小型自然循环反应堆设计方案，给出堆芯活性区等效直径和高度小于2 m的设计限值。

2.2 研究方案

在长寿命小型自然循环铅基快堆堆芯设计中，长寿命设计首先要求堆芯的寿期足够长，换料周期达到30 a以上，具备较大的卸料燃耗，在整个寿期内反应性随燃耗损失尽可能小，从而减少对控制系统的要求，提高核能系统的经济性；小型化设计要求堆芯燃料装量较少，堆芯布置紧凑，尽可能降低中子泄漏与无效吸收，以提高燃料利用率，减小堆芯尺寸；自然循环设计则要求堆芯具有较疏松的栅格条件，以降低冷却剂压降，减小冷却剂流过堆芯的阻力。

目前实现堆芯的长寿命目标主要有三种方法：1）提高堆芯燃料装载量；2）提高堆芯易裂变核素富集度；3）提高堆芯的燃料增殖性能。其中，提高堆芯燃料装载量会加大反应堆堆芯尺寸，降低卸料燃耗。增加易裂变核素富集度可大幅提高堆芯初始 k_{eff}，延长堆芯寿期，但需采用更多控制棒或添加可燃毒物调节反应性，会极大增加反应性控制难度并影响功率分布均匀程度。高的燃料增殖性能往往需要堆芯稠密栅格布置以硬化中子能谱，而这又会加大冷却剂流动阻力，降低自然循环能力。而长寿命反应堆需要具备满功率自然循环能力，减少对主泵等设备的要求，达到更长的运行周期。

由此可见，长寿命、小型化、自然循环三者均为相互矛盾的反应堆技术特征，需要合理平衡反应堆物理性能和自然循环性能，并兼顾小型化、高燃耗、小的燃耗反应性波动。因此，需要开展长寿命小型自然循环铅基快堆设计方法研究，通过合理设计堆芯对比计算方案，开展大量的中子学和稳态热工水力计算分析，研究影响反应堆长寿命、小

型化设计和自然循环能力的堆芯关键设计参数，找出有利于长寿命、小型、自然循环设计目标实现的设计途径并提出优化策略。最终给出长寿命小型自然循环铅基快堆的概念设计方案并掌握其物理和热工安全特性。

具体设计流程如图 2-1 所示。

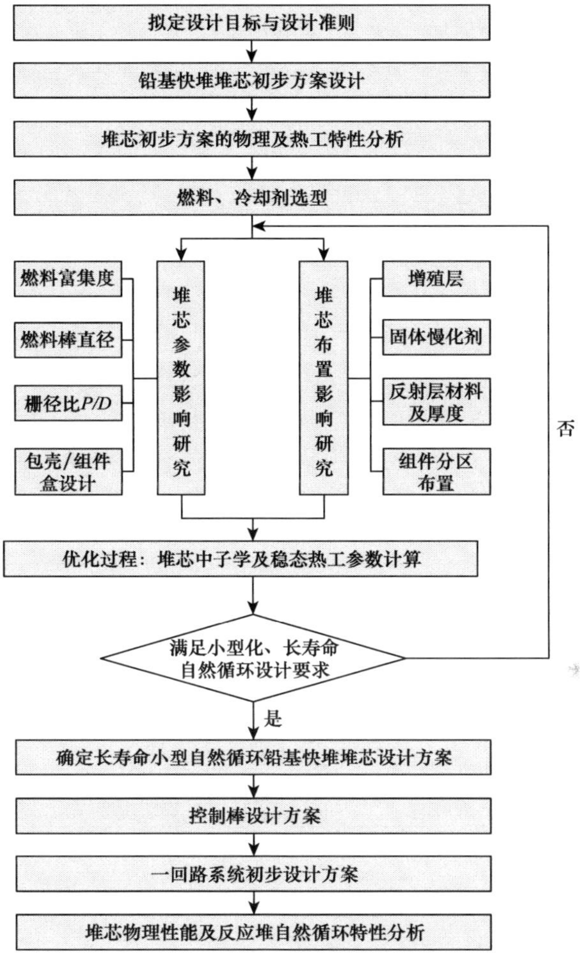

图 2-1　长寿命小型自然循环铅基快堆设计流程

2.3　研究工具及验证

目前国际上铅基快堆主要采用两类计算程序开展中子学设计分析，一类是蒙卡程序 Serpent、MCNP5、MCNPX、SUPERMC 和 RMC 等，ELECTRA、SEALER、ALFRED 等欧盟的小型铅基快堆堆芯概念设计均采用蒙卡程序[7-10]；另一类是确定论程序，组件设计多采用二维多群扩散计算，堆芯则采用三维节块法，代表性的程序包括 ERANOS、DIF3D、VARISNT 和 DYN3D[11-13]等。考虑计算程序的灵活性与准确性，本文选择蒙卡程序 RMC、

IAEA 发布的 ADS2.0 高温连续点截面库开展长寿命小型自然循环铅基快堆的设计分析。

2.3.1 蒙卡程序 RMC

蒙卡程序 RMC（Reactor Monte Carlo Code）是由清华大学工程物理系核能科学与工程管理研究所反应堆工程计算分析实验室（REAL 团队）自主研发的、用于反应堆堆芯计算分析的三维输运蒙卡程序[14-16]。

RMC 程序针对反应堆计算分析中的基本需求，同时结合先进与新概念反应堆设计时几何结构灵活、中子能谱复杂及材料组分多样、各向异性及泄漏强等特点进行研发，是多物理多尺度耦合核能系统数值分析平台的物理计算核心。RMC 能够处理复杂几何结构、采用连续能量点截面对复杂能谱和材料进行描述，并能够根据实际问题的需要对临界问题本征值、本征函数计算，精细核素链燃耗模拟，中子动力学与瞬态过程分析，在线核截面并行处理，均匀化与并群等进行计算；同时还可以开展几何画图、网格计数、大规模燃耗计算。

关于 RMC 程序对于铅基快堆计算分析的精确性，华北电力大学曾以国际原子能机构发布的铅基快堆 RBEC-M 基准题为基础，使用 ENDF/B-Ⅶ核数据库对 RMC 程序开展了验证与分析工作，RMC 的计算结果与基准报告中结果符合较好[17]。同时，清华大学依托中国原子能科学研究院的铅基快堆零功率实验装置启明星 2 号，开展了铅基快堆零功率实验，RMC 程序的计算数据与实验数据吻合较好。以上均证明了 RMC 程序具备了铅基快堆计算分析的能力。

2.3.2 高温连续点截面数据库及验证

本研究采用 IAEA 于 2008 年发布的高温核数据库 ADS-2.0 开展铅基快堆中子学分析。该数据库主要针对 ADS、新型反应堆的实验和设计所研制，其中囊括了 156 种核素的高温计算截面，能量跨度可达 150 MeV，以满足 ADS 的嬗变研究和新型反应堆的设计分析。

该高温连续点截面数据库基于 ENDF/B-Ⅶ评价库、JENDL/AC 锕系核素文件、IAEA-NDS 中的 W 核素文件，利用 NJOY-99.259 程序加工，主要包括适用于蒙卡程序计算的 ACE 格式的连续点截面库、适用于多群输运计算的 MATXS 格式和 GENDF 格式的多群数据库。其中，ACE 格式的连续点截面数据库针对燃料核素、裂变产物、结构材料核素、锕系核素在反应堆的实际运行情况制作了这些核素在 300 K、600 K、1 200 K、1 500 K、1 800 K 下的截面数据库，基本涵盖了铅基快堆输运计算所需的核数据，且具备高可靠性[18-19]。

2.3.3 稳态热工特性分析程序 STAC 及验证

1. STAC 程序开发

课题组针对小型自然循环铅冷快堆一回路主冷却系统的设计和运行特点，与中国科学技术大学联合开发了热工水力设计和稳态计算程序 STAC（Steady-state Thermal-hydraulic Analysis Code）。STAC 程序含液态铅/铅铋物性模型、壁面传热和壁面压降计算模型、适用于自然循环铅基快堆设计的单通道模型、适用于铅基快堆堆芯稳态热工特性分析的闭式并联多通道模型，以及分析堆芯名义热点温度的最热通道模型，图 2-2 给出了 STAC 程序计算流程图。

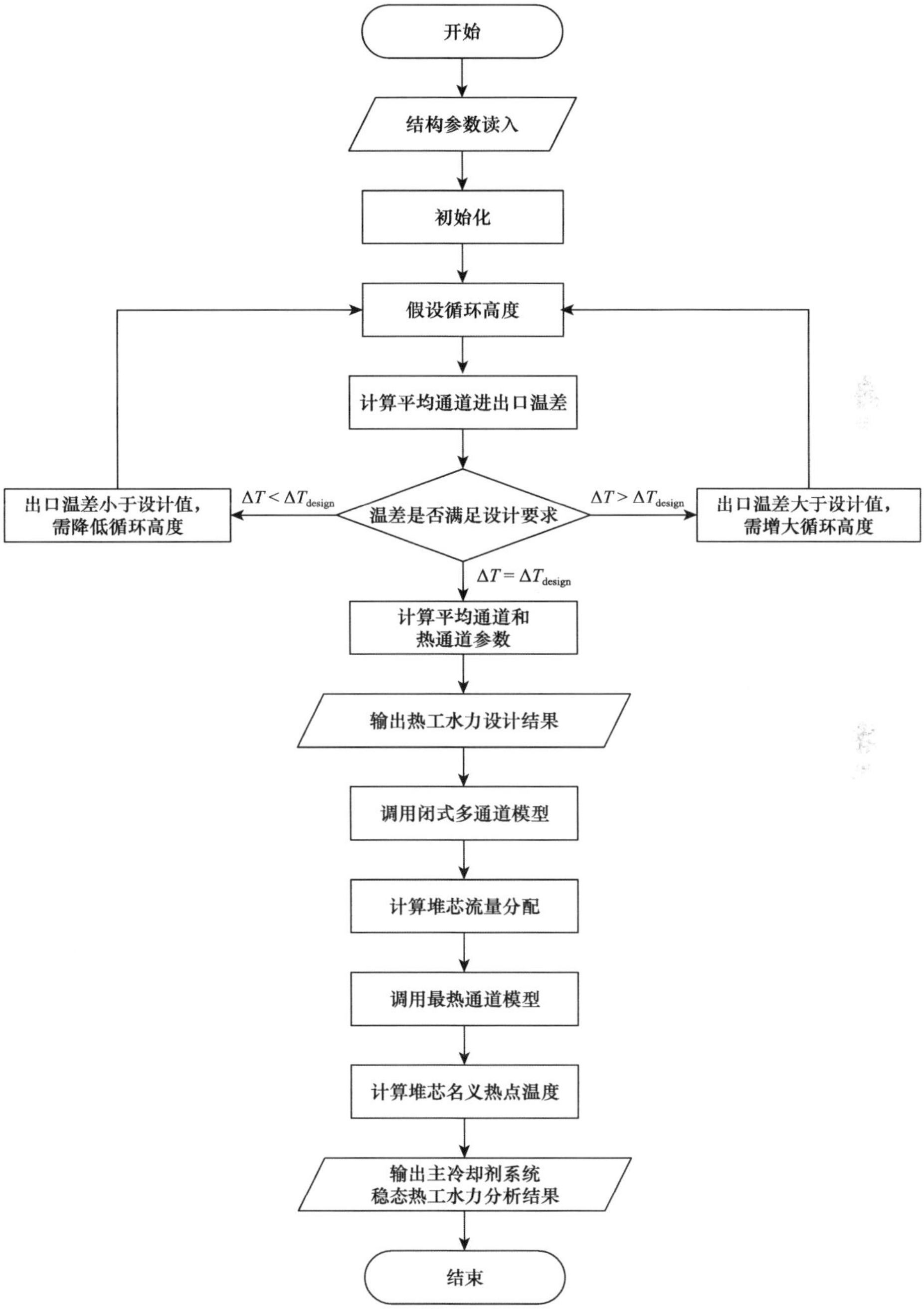

图 2-2　STAC 程序计算流程图

STAC 程序功能丰富，包含热工水力设计和稳态热工水力特性分析两大功能，其中：

1）热工水力设计

可确定反应堆的自然循环高度，堆芯的流量，平均通道和热通道详尽的温度分布，以此确定堆芯的热工水力设计方案。

2）堆芯稳态热工水力特性分析

基于并联多通道模型，可开展堆芯流量分设计和优化分析，同时确定堆芯内最热燃料组件；借鉴子通道思想开发的最热通道模型可进一步确定堆芯内最高名义热点温度的分布情况，以此对设计的堆芯进行较为全面的热工水力性能评价。

STAC 程序主要根据自然循环铅冷快堆内的关键部件和区域进行网格划分，重点关注堆芯、主热交换器、上腔室和下腔室，如图 2-3 所示。

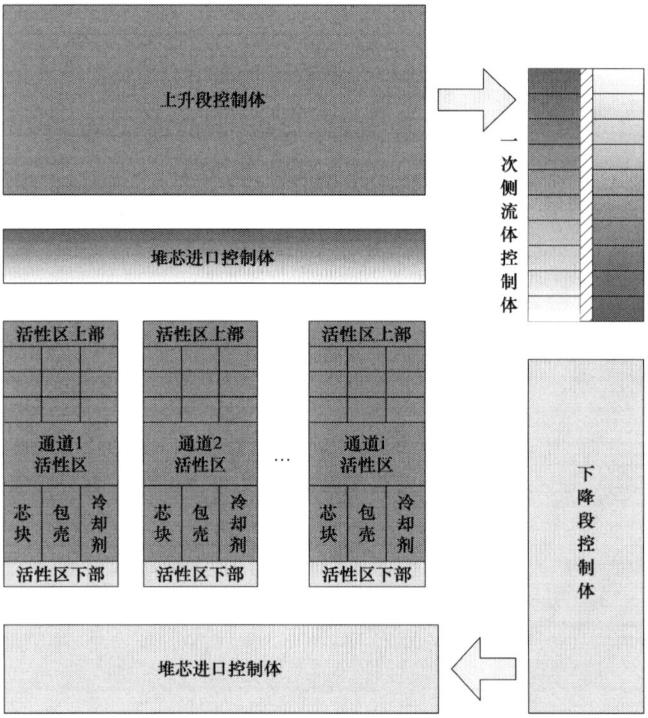

图 2-3　典型自然循环铅基快堆系统节点划分图

1）堆芯

堆芯活性区可依据单通道模型划分为平均通道和热通道，也可依据多通道模型划分为若干个闭式通道。各通道径向划分 3 类控制体，分别是燃料芯块、包壳和冷却剂，这 3 类控制体在活性区域段均沿轴向划分若干个控制体，以便进行详细的计算和分析，同时堆芯上、下部非活性区域段各划分 1 个控制体。

2）主热交换器

主热交换器径向划分 3 类控制体，分别是一次侧冷却剂、换热管和二次侧冷却剂，这 3 类控制体沿轴向划分为若干个控制体，以便进行详细的计算和分析。

3）上腔室

上腔室径向不考虑控制体划分，轴向划分为两个控制体，分别为堆芯出口控制体和上升段控制体，其中堆芯出口控制体主要用于混合堆芯活性区出来的冷却剂温度，两个控制体均用集总参数法进行求解。

4）下腔室

下腔室径向不考虑控制体划分，轴向划分为两个控制体，分别是堆芯进口控制体和下降段控制体，其中堆芯进口控制体主要用于堆芯各通道的流量分配，两个控制体均用集总参数法进行求解。

2. STAC 程序验证

1）最热通道模型验证

针对现有的铅基快堆系统分析程序大多都没有专门的最热通道分析模型，无法给出最热燃料元件的热点温度，而这恰恰是反应堆初步安全分析评估中非常关心的问题。本模型拟参考子通道分析模型，基于闭式并联多通道分析结果，选取最热燃料组件的内子通道、边子通道和角子通道来模拟分析最热燃料组件内的了冷却剂、包壳和燃料芯块温度分布，结合课题组对铅冷快堆燃料组件内燃料棒周向温度分布不均匀特性的研究。

项目团队利用开发并已经开展较充分验证的铅基快堆子通道程序 KMC-SUB，选用 SNCLFR-100 的燃料组件设计方案并建立图 2-4 所示的子通道分析模型，分别计算高功率和高流量工况、中功率和中流量工况、低功率和低流量这 3 种代表性工况下冷却剂和包壳名义最高温度，对 STAC 程序的最热通道模型开展了 Code-to-Code 验证。图 2-5 代表性工况下 SNCLFR-100 燃料组件包壳轴向温度分布对比结果，分析表明 STAC 和 KMC-Sub 计算得到的稳态包壳轴向温度分布结果吻合良好，STAC 程序所开发的最热通道模型是合理的、可行的。

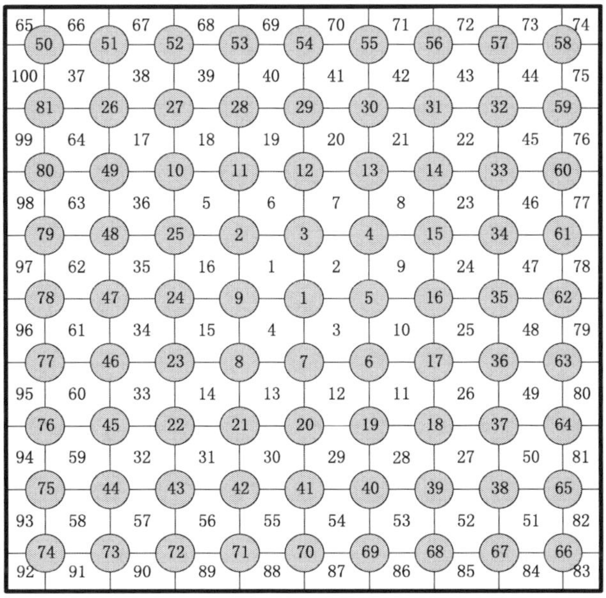

图 2-4 SNCLFR-100 子通道划分及编号

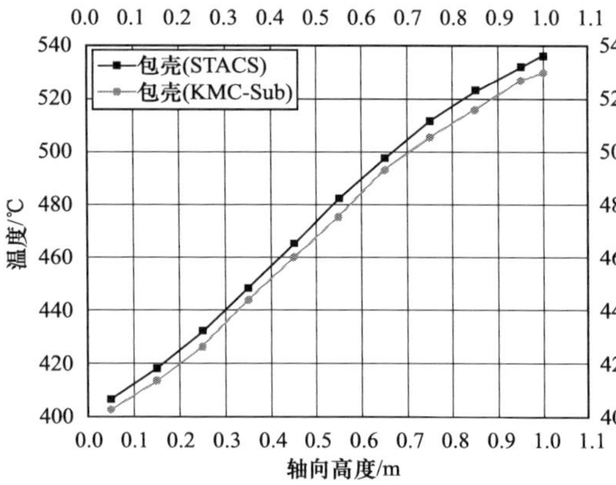

（a）高功率和高流量工况

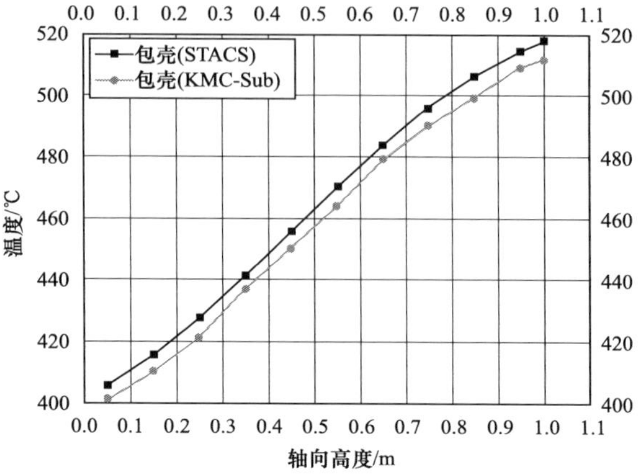

（b）中功率和中流量工况

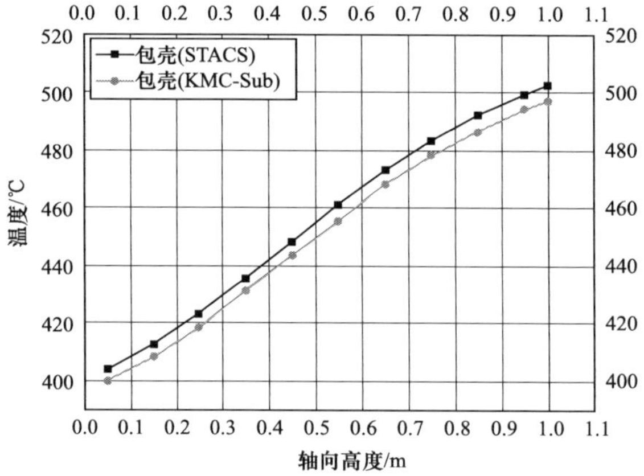

（c）低功率和低流量工况

图 2-5　代表性工况下 SNCLFR-100 燃料组件包壳轴向温度分布对比图

2）STAC 程序主体功能验证

韩国国立首尔大学核能研究中心于 2015 年对外公布了先进全自然循环小型模块化铅基快堆 URANUS 详细的热工水力设计方案，并基于自主开发的反应堆多尺度系统分析程序 MARS 对 URANUS 的稳态和典型瞬态热工特性进行了分析研究。所在课题组选用 URANUS 作为基准算例，对 STAC 的热工水力设计模块和稳态热工水力分析模块开展验证分析。表 2-1 给出了 STAC 程序和 MARS 程序的 URAUNS 主体设计参数模拟结果对比情况，图 2-6 给出了 STAC 程序和 MARS 程序的 URANUS 最热通道内燃料芯块、包壳轴向温度分布对比结果。分析结果显示：STAC 计算结果与 MARS 计算结果吻合良好，两程序计算最大相对误差在 3%左右；STAC 程序的开发是成功的，计算结果可靠，能用于小型模块化自然循环铅基快堆的热工水力设计和稳态热工水力特性分析。

表 2-1　STAC 程序计算结果对比验证

参数	STAC 计算结果	MARS 计算值	相对误差/%
堆芯流量/(kg/s)	4 812.0	4 886.00	1.51
堆芯进口温度/℃	303.20	300.00	1.07
堆芯出口温度/℃	465.00	457.00	1.75
堆芯进出口温差/℃	161.80	157.00	3.06
包壳温度峰值/℃	466.42	464.96	0.31
燃料芯块温度峰值/℃	768.00	756.25	1.55
二回路冷却剂出口温度/℃	351.00	356.00	1.40

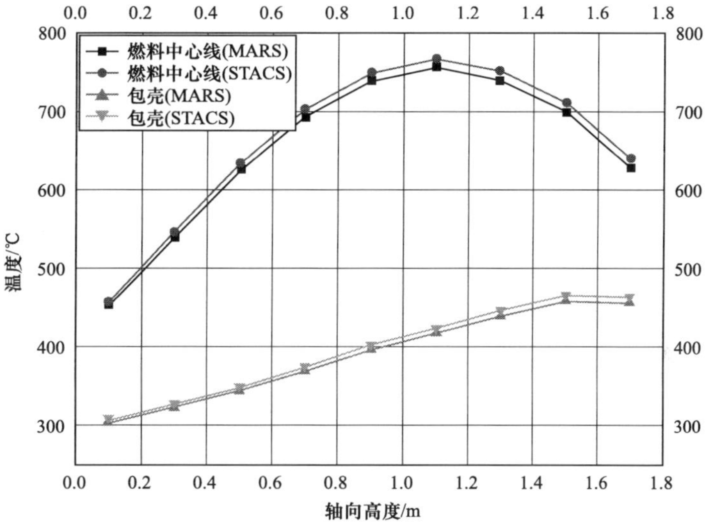

图 2-6　最热通道内燃料芯块、包壳轴向温度分布对比图

2.4　小　结

本章首先结合物理、热工、材料等设计要求与限值，给出长寿命小型自然循环铅基快堆的主要设计目标与设计准则。然后提出了兼顾堆芯长寿命、小型化、自然循环的关键技术问题，给出了研究影响堆芯长寿命、自然循环、小型化的关键因素和堆芯优化设计的流程图。介绍了铅基快堆物理分析使用蒙卡程序 RMC、高温连续点截面数据 ADS2.0，课题组自主开发的铅基快堆稳态热工分析程序 STAC。

参考文献

[1] 尹邦跃.中国实验快堆 MOX 燃料研究进展 [J]. 核科学与工程, 2008, 28 (4): 305-312.

[2] 胡赟, 徐銤. 快堆金属燃料的发展 [J]. 原子能科学技术, 2008, 42 (9): 810-815.

[3] 李冠兴, 武胜. 核燃料 [M]. 化学工业出版社, 2007.

[4] Greenspan E, Shimada H, Wade D. The Encapsulated Nuclear Heat Source Reactor Concept for Developing and for Industrial Countries [C] //Proc. of the 5th Nuclear Energy Symposium. Beijing, China, 2000.

[5] Bortot S, Camprini P C, Grasso G, et al. Conceptual core design study for a high-flux LFR demonstrator [J]. Progress in Nuclear Energy, 2012, 54 (1): 56-63.

[6] Alemberti A, Carlsson J, Malambu E, et al. European lead fast reactor—ELSY [J]. Nuclear engineering and design, 2011, 241 (9): 3470-3480.

[7] Suvdantsetseg E, Wallenius J. An assessment of prompt neutron reproduction time in a reflector dominated fast critical system: ELECTRA [J]. Annals of Nuclear Energy, 2014, 71: 159-165.

[8] Wallenius J, Qvist S, Mickus I, et al. Design of SEALER, a very small lead-cooled reactor for commercial power production in off-grid applications [J]. Nuclear Engineering and Design, 2018, 338: 23-33.

[9] Pérez-Valseca A D, Espinosa-Paredes G, François J L, et al. Stand-alone core sensitivity and uncertainty analysis of ALFRED from Monte Carlo simulations [J]. Annals of Nuclear Energy, 2017, 108: 113-125.

[10] Juárez-Martínez L C, François J L. Comparative neutronic study of homogeneous and heterogeneous thorium fuel based core design in a lead-cooled fast reactor [J]. Annals of Nuclear Energy, 2018, 114: 102-109.

[11] Choi S, Cho J H, Bae M H, et al. PASCAR: Long burning small modular reactor based on natural circulation [J]. Nuclear Engineering and Design, 2011, 241 (5): 1486-1499.

[12] Hahn D. Generation IV concepts in Korea [M] //Handbook of Generation IV Nuclear Reactors. Woodhead Publishing, 2016: 335-371.

[13] Lorenzi S, Cammi A, Bortot S, et al. Analytical models for a small LFR core dynamics studies [J]. Nuclear Engineering and Design, 2013, 254: 67-88.

[14] Wang K, Li Z, She D, et al. RMC - A Monte Carlo code for reactor core analysis [J]. Annals of Nuclear Energy, 2015, 82: 121-129.

[15] 堆用蒙特卡罗程序几何重复结构功能开发 [J]. 强激光与粒子束, 2013, 25 (1): 219-222.

[16] 梁金刚, 丘意书, 王侃, 等. 基于计数器数据分解的 RMC 全堆燃耗计算研究 [J].

核动力工程，2014（s2）：231-234.
[17] 许谦，马续波，仇若萌，等.不同核评价数据库中 Pb 和 Bi 的截面对铅基快堆 k_{eff}的影响［J］. 原子能科学技术，2017，51（12）：2242-2247.
[18] Aldama D L, Trkov A. ADS-Lib/V1. 0-A test library for Accelerator Driven Systems［J］. Vienna, Austria, IAEA-INDC（NDS）-0474, 2005.
[19] D. L. Aldama, A. L. Nichols. ADS-V2. 0: A Test Library for Accelerator Driven Systems and New Reactor Designs, INDC（NDS）-0545, 2008.

第 3 章

铅基快堆堆芯初步研究及燃料与冷却剂选型

基于小型长寿命铅基快堆的设计要求和设计流程，参考欧盟小型铅基示范快堆 ALFRED 设计方案[1-2]，通过开展堆芯中子学和热工水力设计，给出铅基快堆堆芯的初步方案及主要设计参数，研究初步堆芯的物理和热工特性。在此基础上分析不同燃料循环、燃料类型、冷却剂类型对堆芯物理和热工性能的影响规律，提出有利于实现铅基快堆长寿命、小型化设计且满足全自然循环要求的燃料及冷却剂选型方案。

3.1 小型铅基快堆堆芯方案初步研究

3.1.1 小型铅基快堆堆芯模型

初步方案的小型铅基快堆热功率为 100 MW，采用当前最成熟的 UO_2燃料，燃料有效密度为 90%TD。堆芯装载 UO_2燃料 6 637.54 kg，全堆采用富集度为 21.55%的燃料，易裂变核素总装量为 1 287.68 kg。堆芯使用^{207}Pb 作为冷却剂，堆内由 102 个燃料组件，7 个控制棒组件，90 个反射层组件，98 个屏蔽层组件组成，每个组件内包含 61 根燃料棒，堆芯活性区高度为 170 cm，等效直径为 168 cm，堆芯 X-Y 和 X-Z 截面如图 3-1 和图 3-2 所示。堆芯参数见表 3-1。

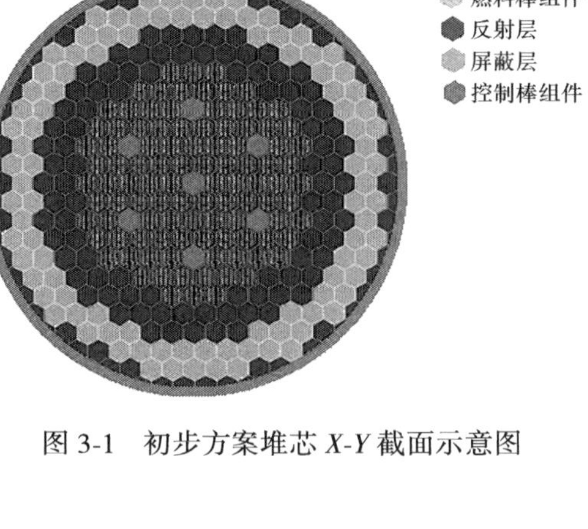

图 3-1 初步方案堆芯 X-Y 截面示意图

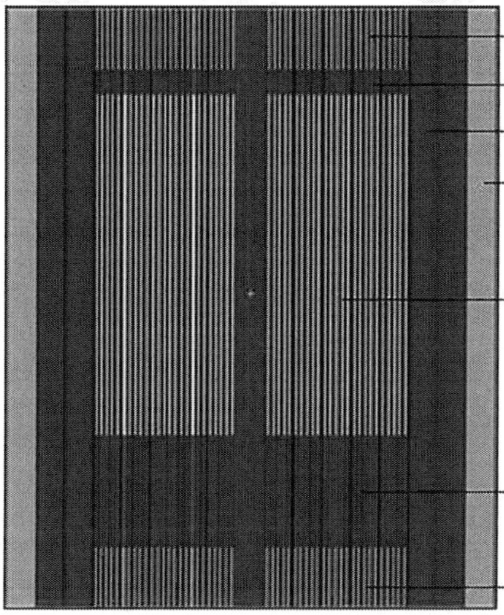

图 3-2 初步方案堆芯 *X-Z* 截面示意图

表 3-1 小型铅基快堆初步方案设计参数

设计参数	设计值
堆芯热功率/MWt	100
活性区等效直径/cm	168
活性区高度/cm	170
平均线功率密度/(kW/m)	9.45
平均体积功率密度/(MW/m^3)	26.53
^{235}U 富集度/%	21.55 UO_2
燃料棒内/外直径/mm	0.9/1.05
燃料棒间隙填充气体	He
燃料棒间隙宽度/mm	0.15
包壳材料	15-15Ti
包壳厚度/mm	0.6
组件盒厚度/mm	4
栅径比 *P/D*	1.5
组件数目	102
组件内燃料棒数目	61
反射组件数目	90
屏蔽组件数目	98

初步方案铅基快堆堆芯的燃料组件采用棒束型设计，燃料棒由燃料芯块、气隙、包壳、弹簧、气腔、上/下绝热层、上下端塞组成。包壳材料为 15-15Ti，燃料芯块和包壳间隙填充 He。为实现反应堆满功率运行 30 a 的设计目标，在燃料棒下方设计了 96 cm 的气腔，留有足够容纳裂变气体空间。燃料芯块直径为 9 mm，包壳厚度为 0.6 mm，为降低冷却剂通过堆芯的压降，提高反应堆的自然循环能力，采用较大的栅径比设计，P/D 为 1.5。燃料棒的具体设计参数见图 3-3 和图 3-4。燃料组件采用六角形栅格结构，外层设有 4 mm 厚的组件盒，总长度为 2.98 m。燃料组件的设计见图 3-5。初步方案为裸堆设计，控制棒组件通道内填充^{207}Pb，反射层组件等效为不插燃料棒的燃料组件，屏蔽层组件是一根单独的六角形的 B_4C 棒。

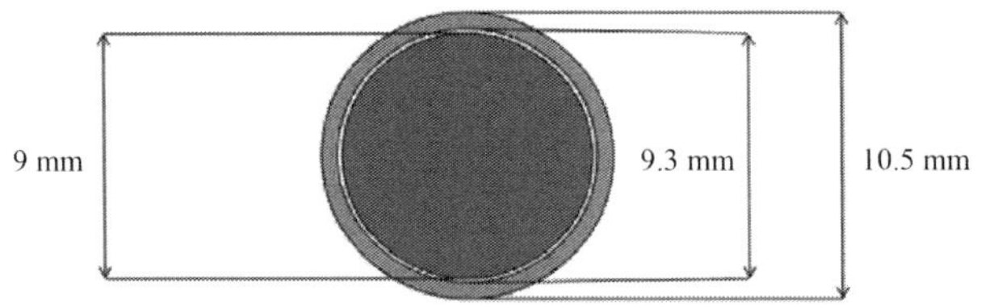

图 3-3　初步方案燃料棒 *X-Y* 截面示意图

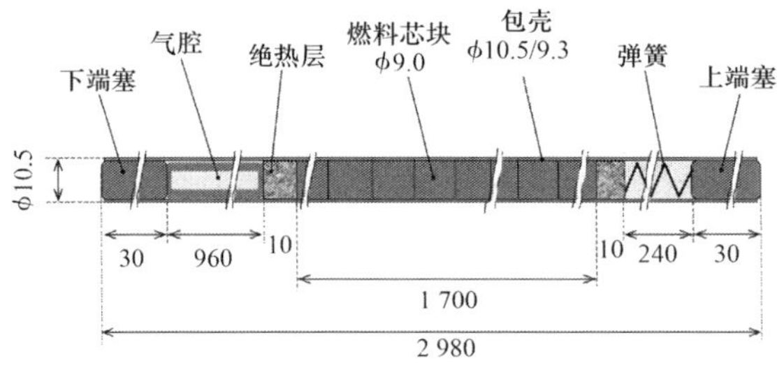

图 3-4　初步方案燃料棒 *X-Z* 截面示意图

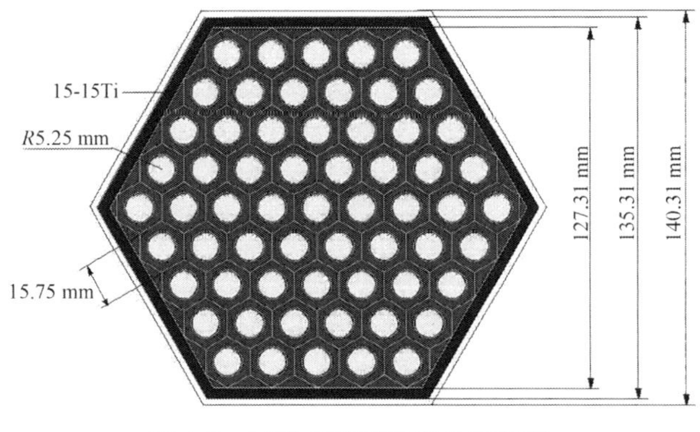

图 3-5　初步方案燃料组件示意图

3.1.2　小型铅基快堆堆芯物理及热工特性初步分析

基于堆用蒙卡分析程序 RMC 程序构建初步堆芯物理分析模型，开展初步物理及燃耗特性分析，计算分析的内容包括：堆芯燃耗特性，反应性系数，燃料转换比（Conversion Ratio，CR），易裂变核素存量比（Fission Isotope Ratio，FIR），寿期初、中、末的功率分布。计算时调用的高温连续点截面库分别为：燃料 1 200 K、冷却剂 600 K、包壳 900 K。采用 8 线程并行计算，堆芯投入 10 000 个粒子数，迭代计算 300 次，忽略前 50 次计算结果，运行 1 a 设置为 1 个燃耗步长。利用自主开发的铅基快堆热工水力设计与稳态分析程序 STAC 开展堆芯压降、冷却剂流量、流速、包壳平均温度、包壳最大温度、燃料芯块最大温度等初步堆芯热工水力特性分析。

图 3-6、图 3-7 给出了采用 UO_2作燃料的铅基快堆运行 30EFPY 中堆芯 k_{eff}、FIR 随时间的变化情况，初始 k_{eff} 为 1.032 118，误差为 0.000 372，燃料焚烧 30 a 后的寿期末 k_{eff} 为 0.948 946，误差为 0.000 398，燃耗反应性损失为 8 491.928 pcm；反应堆运行 7 a 后，堆芯 k_{eff}降至 1.0 以下，FIR 降至 0.868，堆芯增殖能力较差；堆芯的平均卸料燃耗为 40.32 MWd/kgHM。

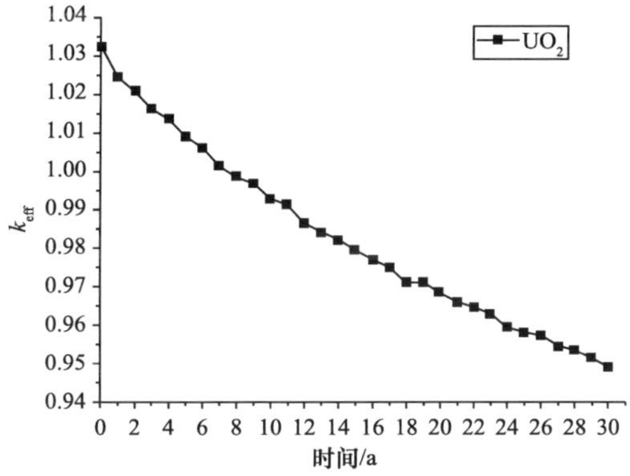

图 3-6　UO_2燃料堆芯 k_{eff}随时间变化

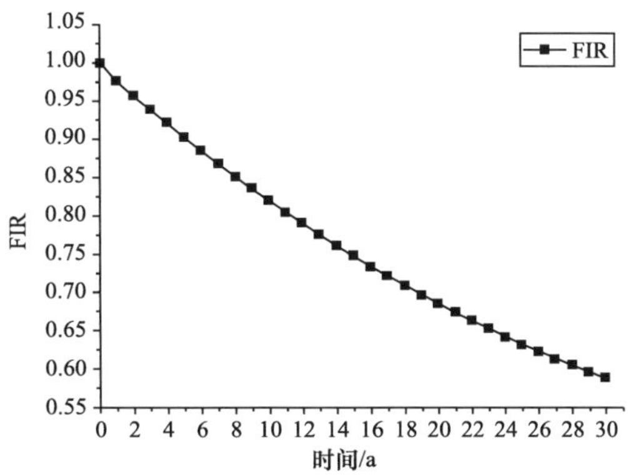

图 3-7　UO_2燃料堆芯 FIR 随时间变化

初步方案堆芯的反应性系数和有效中子份额如表 3-2 所示，由表 3-2 可知，堆芯冷却剂温度系数、多普勒系数、空泡系数、径向膨胀系数、轴向膨胀系数均为负值，有效缓发中子份额为 0.674%。

表 3-2　初步方案堆芯寿期初的反应性系数及缓发中子份额

参数	数值
冷却剂温度系数/(pcm/K)	-0.781 46
多普勒系数/(pcm/K)	-0.508 88
空泡系数/(pcm/1%)	-78.228 50
轴向膨胀系数/(pcm/1%)	-232.145 00
径向膨胀系数/(pcm/1%)	-229.011 20
缓发中子份额/%	0.674

初步方案堆芯平均体积功率密度为 26.54 W/cm^3，线功率密度为 94.54 W/cm。寿期初和寿期末的径向功率分布如图 3-8、图 3-9 所示，由于采用统一富集度燃料，堆芯功率分布比较不均匀，堆芯中心组件功率密度较高，边缘组件的中子泄漏较大，功率密度较小。寿期初、寿期末的堆芯径向功率峰因子分别为 1.470、1.439。

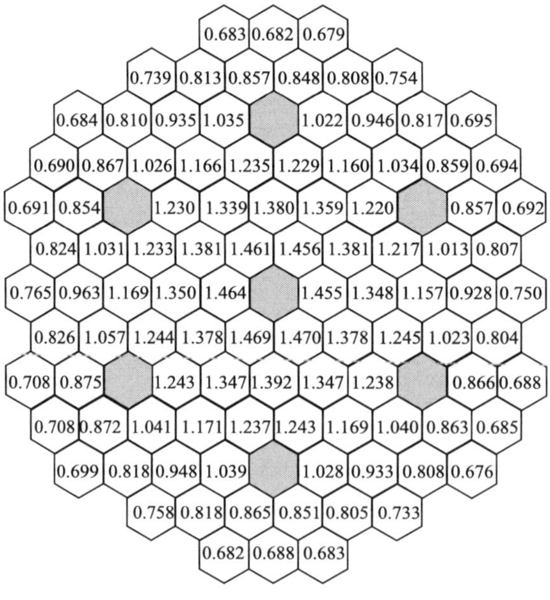

图 3-8　初步方案堆芯寿期初径向功率分布

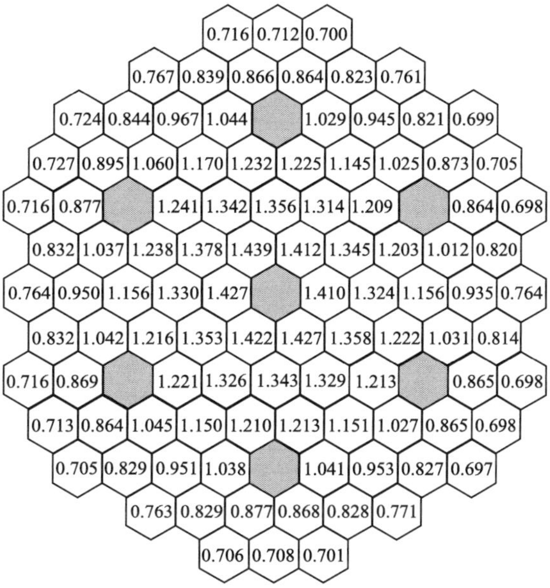

图 3-9　初步方案堆芯寿期末径向功率分布

将燃料组件轴向划分 10 层，计算最大功率组件的轴向功率分布，如图 3-10 所示，最大功率组件的轴向功率峰因子为 1. 318。

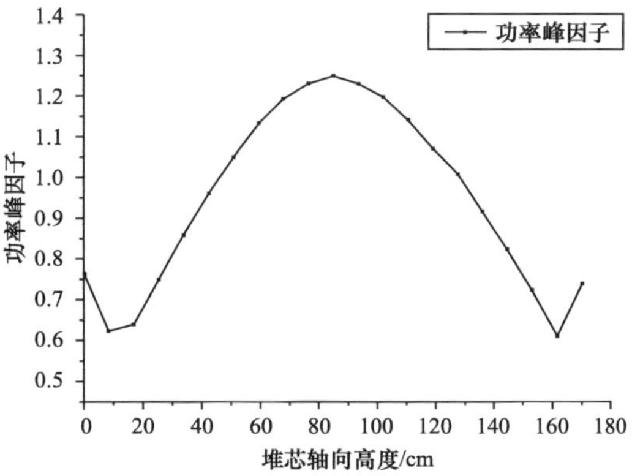

图 3-10　初步方案堆芯最大功率组件轴向功率分布

根据堆芯的径向功率分布和最热通道的轴向功率分布计算堆芯的稳态热工水力特性，如表 3-3 所示。由表 3-3 可知，堆芯压降为 7 564. 69 Pa，冷却剂流速为 0. 31 m/s，远低于限值 2 m/s；包壳最大温度为 555. 36 ℃，超过包壳温度设计限值 550 ℃；芯块最大温度为 725. 83，远低于 UO_2的熔点 3 123 ℃。

表 3-3　初步方案堆芯的稳态热工参数

热工参数	数值
堆芯压降/Pa	7 564.69
冷却剂流速/(m/s)	0.31
堆芯流量/(kg/s)	3 398.94
包壳平均温度/℃	488.77
包壳最大温度/℃	555.36
芯块最大温度/℃	725.83

综上所述，采用 UO_2 作燃料、^{207}Pb 作冷却剂的铅基快堆初步方案堆芯换料周期为7 a，运行 30 a 的燃耗反应性损失为 8 491.928 pcm，均达不到设计目标要求；堆芯的反应性系数均为负值，有效缓发中子份额为 0.687%；堆芯寿期初、末功率峰因子均大于设计目标 1.3；燃料棒包壳温度为 555.36 ℃，超过了 550 ℃的设计限值。因此，初步方案的铅基快堆堆芯设计与长寿命、全自然循环的设计要求相去甚远，需要开展优化设计与研究。

3.2　燃料选型研究

3.2.1　U-Pu、Th-U 循环燃料选型

在较大的栅径比 P/D（即较软中子能谱）条件下实现堆芯较好的燃料增殖能力，同时降低中子无效吸收与泄漏，是兼顾堆芯长寿命、小型化和自然循环设计的关键方法之一。

反应堆中裂变核素的增殖通过可转换核素俘获中子后衰变实现，自然界中存在的可转换核素主要有 ^{238}U、^{232}Th，其中 ^{238}U 俘获中子生成 ^{239}U，经过两次 β 衰变得到 ^{239}Pu，即目前反应堆中常利用的“U-Pu”循环增殖策略。^{232}Th 俘获中子生成 ^{233}Th，^{233}Th 经过一次 β 衰变成 ^{233}Pa，^{233}Pa 再经过 β 衰变生成易裂变核素 ^{233}U，即“Th-U”循环增殖策略。^{238}U、^{232}Th 的燃耗反应链如图 3-11 所示。^{238}U 和 ^{232}Th 产生的中子俘获产物不同，其不同核特性会导致堆芯的物理特性和增殖性能存在差异。

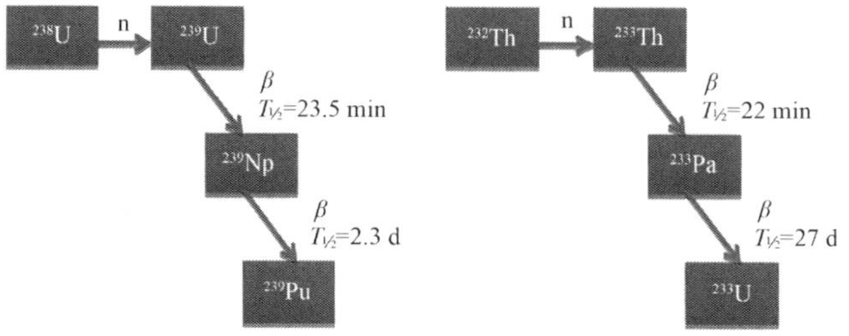

图 3-11　^{232}Th 和 ^{238}U 俘获衰变链

为实现长寿命小型自然循环铅基快堆的设计目标，选取 PuO_2-ThO_2、MOX、UO_2-ThO_2、UO_2燃料，比较 4 种燃料在不同中子能谱下的燃耗和增殖性能；同时，为了确保堆芯的固有安全特性，还分析了 4 种燃料的反应性系数及动力学参数。堆芯参数与上述初步堆芯一致。4 种燃料的核素质量分数如表 3-4 所示。

表 3-4 四种燃料的核素质量分数

		UO_2		MOX		PuO_2-ThO_2		UO_2-ThO_2	
UO_2		核素质量分数/Wt%	总质量分数/Wt%	核素质量分数/Wt%	总质量分数/Wt%	核素质量分数/Wt%	总质量分数/Wt%	核素质量分数/Wt%	总质量分数/Wt%
	^{235}U	21.56	100	0.15	75.7	—		25.88	40.43
	^{238}U	78.44		75.55				14.55	
PuO_2	^{238}Pu	—		0.24	24.3	0.29	28.8	—	
	^{239}Pu			15.31		18.14			
	^{240}Pu			7.05		8.35			
	^{241}Pu			0.24		0.29			
	^{242}Pu			1.46		1.73			
ThO_2	^{232}Th	—		—		71.2	71.2	59.57	59.57

1. 燃耗性能比较

在堆芯初始剩余反应性基本相同、比功率一致的条件下，图 3-12 给出了 4 种燃料堆芯运行 30 EFPY 的 k_{eff}随燃耗变化情况，堆芯卸料燃耗由大到小的顺序为：PuO_2-ThO_2> UO_2-ThO_2> MOX > UO_2，其卸料燃耗分别为 132.48 MWd/kgHM、92.16 MWd/kgHM、63.36 MWd/kgHM 和 40.32 MWd/kgHM。

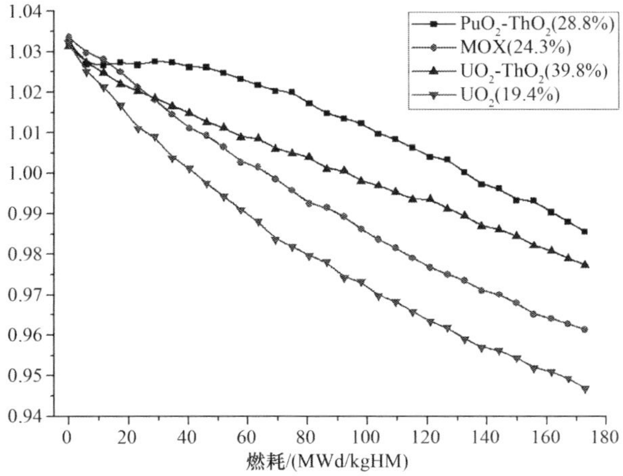

图 3-12 不同燃料堆芯的 k_{eff}随燃耗变化

分析不同中子能谱条件下4种燃料铅基快堆的燃耗性能，保持燃料棒直径不变，调整 P/D 大小，计算堆芯 k_{eff} 随时间变化。表3-5、图3-13列出了4种燃料堆芯在不同栅径比条件下运行30 EFPY的燃耗反应性损失。为了衡量堆芯的燃耗性能和增殖性能，给出燃耗反应性损失和燃耗反应性波动定义，如公式（3-1）、（3-2）所示。

$$\text{燃耗反应性损失} = \frac{k_{eff}(BOC) - k_{eff}(EOC)}{k_{eff}(BOC)k_{eff}(EOC)} \tag{3-1}$$

$k_{eff}(BOC)$、$k_{eff}(EOC)$ 分别为运行周期初有效增殖系数和运行周期末有效增殖系数。

$$\text{燃耗反应性波动} = \frac{k_{eff}(Max) - k_{eff}(Min)}{k_{eff}(Max)k_{eff}(Min)} \tag{3-2}$$

$k_{eff}(Max)$、$k_{eff}(Min)$ 分别为运行周期内最大有效增殖系数和最小有效增殖系数。

表3-5 不同中子能谱条件下多种燃料铅基快堆运行30EFPY的燃耗反应性损失

栅径比 \ 燃料（Pu质量分数%）	燃耗反应性损失/pcm			
	PuO_2-ThO_2	MOX	UO_2-ThO_2	UO_2
1.3	3 430.97 (26.8%)	4 785.27 (22.2%)	3 910.49 (38.0%)	6 401.40 (18.0%)
1.4	3 917.06 (27.7%)	5 710.73 (23.0%)	4 749.90 (39.3%)	7 609.20 (18.65%)
1.5	4 606.79 (28.8%)	7 257.16 (24.3%)	5 349.89 (39.8%)	8 723.20 (19.4%)
1.6	5 235.60 (29.8%)	8 463.69 (25.3%)	5 760.08 (41.5%)	9 771.91 (20.1%)
1.7	5 670.70 (30.9%)	9 600.84 (26.4%)	6 623.65 (42.5%)	10 865.00 (20.8%)

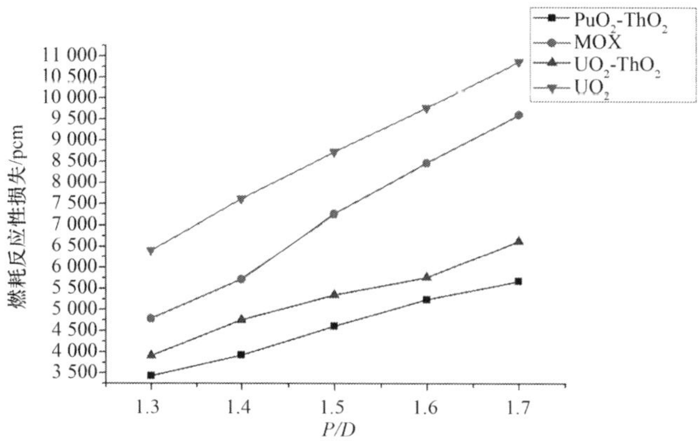

图3-13 不同中子能谱条件下多种燃料铅基快堆运行30EFPY的燃耗反应性损失

图 3-13 为不同栅径比条件下 4 种燃料铅基快堆运行 30 EFPY 的燃耗情况。可以看出，随着 P/D 减小，堆芯中子能谱逐渐硬化，燃料增殖性能提高，燃耗反应性损失减小。其中，Th 基燃料的燃耗反应性损失随 P/D 变化幅度明显小于 U 基燃料，前者在较软能谱条件下增殖性能更好。^{239}Pu 比^{235}U 作驱动燃料的堆芯燃耗反应性损失更小。当 P/D 在 1.3~1.7 范围内，PuO_2-ThO_2堆芯的燃耗反应性损失皆最小。

图 3-14 和图 3-15 给出了 4 种燃料的铅基快堆全范围中子能谱、高能区中子能谱，在不同能区的堆芯平均中子注量率由大到小的顺序如下：高能区，PuO_2-ThO_2>MOX> UO_2-ThO_2> UO_2；中能区，MOX > PuO_2-ThO_2> UO_2> UO_2-ThO_2；低能区，UO_2> UO_2-ThO_2> MOX > PuO_2-ThO_2。4 种燃料循环中，Pu-Th 循环燃料铅基快堆的中子能谱最硬，燃耗性能最佳。

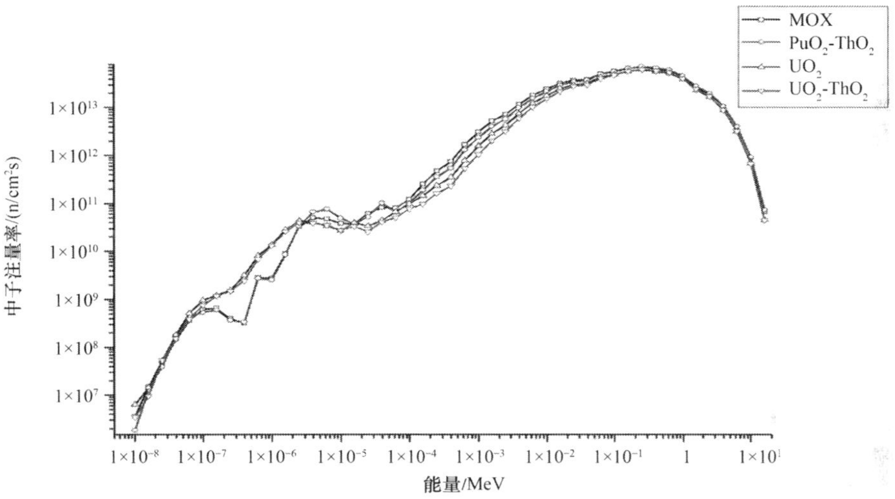

图 3-14 4 种燃料的堆芯中子能谱

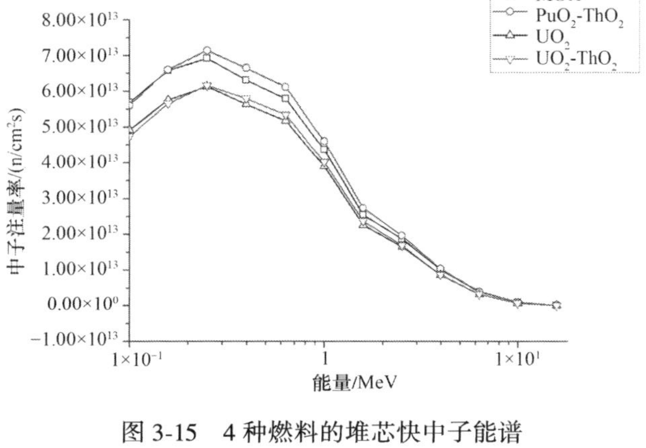

图 3-15 4 种燃料的堆芯快中子能谱

为进一步分析堆内易裂变核素变化情况，计算堆芯的易裂变核素存量比 FIR，其定义如公式（3-3）所示。

$$\mathrm{FIR}=\frac{N_{易裂变核素}}{N^0_{易裂变核素}} \tag{3-3}$$

式中：$N_{易裂变核素}$为运行第 N 年反应堆内的易裂变核素量；$N^0_{易裂变核素}$为运行周期初反应堆内的易裂变核素量。

图 3-16 给出了 4 种燃料循环铅基快堆的易裂变核素存量比 FIR 随时间变化情况，堆芯 FIR 的大小顺序为：MOX > PuO_2-ThO_2> UO_2-ThO_2> UO_2。在反应堆运行过程中，MOX 燃料比 PuO_2-ThO_2燃料堆芯产生了更多的易裂变核素。

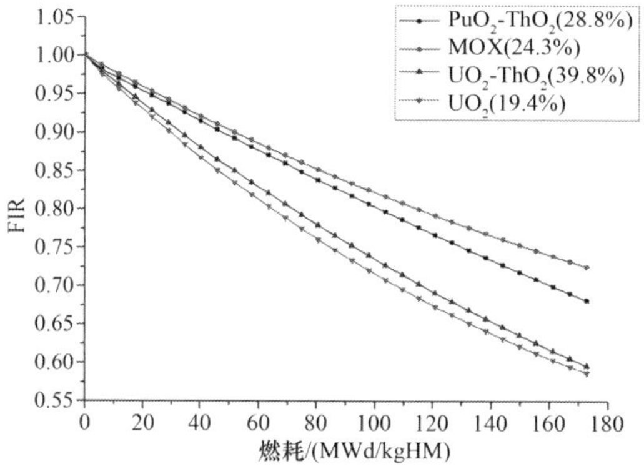

图 3-16　4 种燃料的堆芯的 FIR 随时间变化

探讨 4 种燃料循环堆芯的燃耗性能与增殖性能的差异，以下图 3-17、图 3-18 表 3-6 列出了 Th、U、Pu 核素的微观截面及有效裂变中子数。

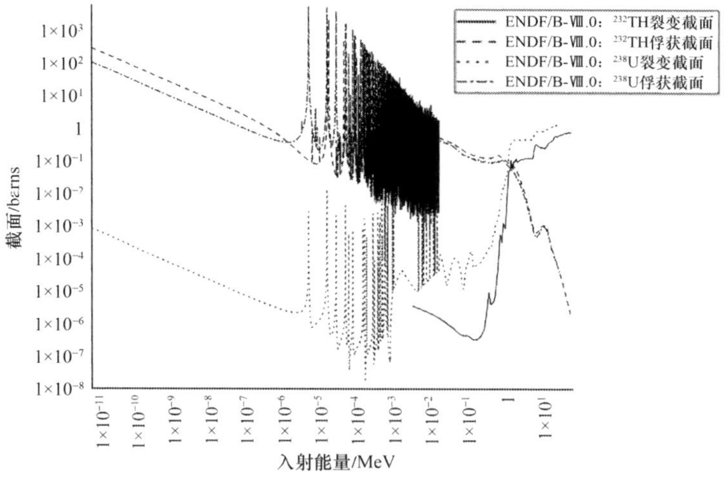

图 3-17　^{232}Th、^{238}U 的俘获截面和裂变截面

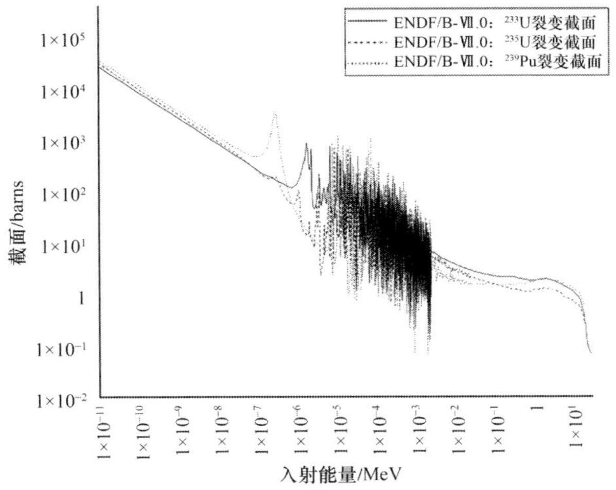

图 3-18　^{233}U、^{235}U、^{239}Pu 裂变截面

表 3-6　Th、U、Pu 核素的微观截面及有效裂变中子数

核素		热中子（0.025 eV）			快中子（> 100 keV）		
		微观俘获截面 σ_c/b	微观裂变截面 σ_f/b	有效裂变中子数 η	微观俘获截面 σ_c/b	微观裂变截面 σ_f/b	有效裂变中子数 η
可转换核素	^{232}Th	7.4	0	—	0.38	0.01	—
	^{238}U	2.7	> 0	—	0.33	0.04	—
易裂变核素	^{233}U	45.76	528.5	2.28	0.27	2.73	2.50
	^{235}U	98.68	585.1	2.07	0.56	1.90	2.30
	^{239}Pu	270.33	747.4	2.11	0.50	1.80	2.90

^{238}U 和^{232}Th 的中子俘获产物不同，其不同核特性导致堆芯的物理特性和增殖性能存在差异。从表 3-6 中可以看出，在快谱区的^{233}U、^{239}Pu、^{235}U 的有效裂变中子数分别为 2.5、2.9、2.3，^{233}U 的有效裂变中子数略小于^{239}Pu，但其在中高能区的裂变截面比^{239}Pu 大很多，^{233}U 在较软能谱的铅基快堆中具备非常好的核特性，这正是 PuO_2-ThO_2燃料的 FIR 虽然低于 MOX 燃料，但其燃耗反应性损失更小的原因。但在快谱区，^{232}Th 相比^{238}U 微观俘获截面略大，微观裂变截面略小，前者更易俘获快中子而不是发生裂变反应，因此，采用 Th 基燃料需要提高易裂变核素的质量分数以获得足够大的初始 k_{eff}。

如果将^{233}U 有效裂变中子的 1 个中子用于维持链式反应，另 1 个中子用于燃料增殖，则只有约 0.5 个中子剩余，这意味着钍基燃料若要提高中子利用率与燃料增殖比，需要降低堆芯中子的泄漏率及无效吸收，这是采用 Th 基燃料作为长寿命反应堆设计的一个关键技术点。

综上所述，在中子能谱偏软的铅基快堆中，作为增殖材料，^{232}Th 燃料的增殖性能明显优于^{238}U燃料；作为裂变材料，^{239}Pu及^{233}U的中子经济性优于^{235}U，但考虑到目前^{233}U核素获取的困难，优先选取^{239}Pu作为驱动燃料。

2. 反应性系数比较

为了评估4种燃料在铅基快堆中的固有安全性，计算分析4种燃料堆芯的反应性系数、有效缓发中子份额β_{eff}。其中堆芯反应性系数包括：

1）冷却剂温度系数：冷却剂温度变化1 K所引起的反应性变化。计算时选取300 K、600 K、900 K的连续点截面库文件进行调用计算，冷却剂Pb的温度变化所引起的密度变化由经验公式（3-4）计算得到。

$$\rho_{Pb} = 11\ 441 - 1.279\ 5 \cdot T \tag{3-4}$$

2）多普勒系数：燃料温度变化1K所引起的反应性变化，计算时选取600 K、900 K、1 200 K、1 800 K的高温连续点截面库进行调用计算。

3）空泡系数：冷却剂产生1%空泡份额所引起的反应性变化。铅或铅铋的沸点高达1 700 ℃，通常认为堆芯内局部沸腾出现空泡的可能性极低。

4）轴向膨胀系数：主要考虑燃料体积轴向膨胀1%所引起的反应性变化。通过增加燃料轴向高度并相应减少燃料密度，计算堆芯的k_{eff}得到。

5）径向膨胀系数：主要考虑冷却剂体积的径向膨胀1%所引起的反应性变化。通过增加冷却剂体积份额，计算堆芯的k_{eff}得到。

6）有效缓发中子份额β_{eff}：缓发中子是裂变产物衰变过程中放出的中子，缓发中子代时间最长可达80 s，远超过瞬发中子，因此缓发中子的存在大大增加了反应堆的中子倍增时间，它的份额虽然很小，但在研究反应堆的瞬态过程和反应堆控制方面起到了很重要的作用。β_{eff}利用蒙特卡罗程序MCNP5的TOTNU卡计算得到。

反应性系数如表3-7所示，由计算结果可知，冷却剂温度系数和空泡系数由小到大顺序为：UO_2-ThO_2<UO_2<PuO_2-ThO_2<MOX。^{232}Th比^{235}U作增殖材料、^{235}U比^{239}Pu作驱动燃料的堆芯冷却剂温度系数负值更大。当冷却剂密度减小或产生空泡时：一方面，堆芯中子能谱硬化使中子泄漏增加使反应性降低；另一方面，堆内产生更多快中子诱发重核裂变使反应性增加；在高能区，^{232}Th的微观裂变截面小于^{238}U，^{235}U的微观裂变截面与有效裂变中子数小于^{239}Pu。因此，UO_2-ThO_2燃料的冷却剂温度系数和空泡系数最负。

表3-7　不同燃料堆芯寿期初的反应性系数及缓发中子份额

反应性系数	PuO_2-ThO_2	MOX	UO_2-ThO_2	UO_2
冷却剂温度系数/(pcm/K)	-0.529 83	-0.360 55	-1.090 03	-0.781 46
多普勒系数/(pcm/K)	-0.444 48	-0.537 24	-0.379 05	-0.508 88
空泡系数/(pcm/1%)	-45.028 20	-36.926 10	-94.829 66	-78.228 50
轴向膨胀系数/(pcm/1%)	-303.939 00	-295.705 00	-214.646 02	-232.145 00
径向膨胀系数/(pcm/1%)	-311.161 68	-307.803 34	-198.748 38	-229.011 20
缓发中子份额/%	0.300	0.343	0.688	0.674

多普勒系数由小到大顺序为：MOX<UO_2<PuO_2-ThO_2<UO_2-ThO_2。多普勒效应源于燃料温度升高，可转换核素的中子共振吸收增强导致堆芯反应性降低。4种燃料中：^{239}Pu更好的核特性使得堆芯中可装载可转换核素质量分数更高的燃料，燃料温度效应更加显著；^{238}U的共振吸收能区范围（小于0.03 MeV）大于^{232}Th（小于0.007 MeV），前者共振吸收的中子更多。综合上述分析可知，^{239}Pu相比^{235}U作为驱动燃料，^{238}U相比^{232}Th作为增殖材料的堆芯多普勒系数负值更大。

轴向、径向膨胀系数由小到大的顺序为：PuO_2-ThO_2<MOX<UO_2<UO_2-ThO_2，膨胀系数的绝对值远大于其他反应性系数，膨胀反馈是液态金属快堆的主要瞬时负反馈；PuO_2-ThO_2燃料堆芯具备最大负值的反应性膨胀系数，且其他反应性系数均为负数，固有安全性相对较高。

PuO_2-ThO_2、MOX、UO_2-ThO_2、UO_2燃料铅基的缓发中子份额分别为0.300%、0.343%、0.688%、0.674%。Pu同位素的有效中子份额小于^{235}U，且PuO_2-ThO_2燃料中Pu的质量分数比MOX燃料更高，因而其有效中子缓发份额较小，这是一点不利于PuO_2-ThO_2燃料反应堆安全运行和控制的因素。

3. 燃料物性参数比较

表3-8给出了UO_2、PuO_2、ThO_2的重要物性参数。由表3-8可知，ThO_2燃料相对更高的熔点和热导率使其在事故工况下具备更大热工安全裕量，更小的热膨胀系数增强了裂变产物的容留能力，由此ThO_2燃料特别适合作为高燃耗燃料。相比UO_2燃料，ThO_2燃料在高辐照条件下的化学性质更稳定。另外，UO_2、PuO_2、ThO_2燃料有着相似的热学性能与机械性能，这使得3种燃料可以很好地相容，形成裂变、增殖材料的混合物[3]。

表3-8 UO_2、PuO_2、ThO_2燃料的重要物性参数

参数	UO_2	PuO_2	ThO_2
晶体结构	FCC（CaF_2型）	FCC（CaF_2型）	FCC（CaF_2型）
熔点/K	≈3 123	≈2 623	≈3 643
298 K温度下的理论密度/(g/cm^3)	10.96	11.46	10.00
热导率/(W/m^1·K^{-1})			
773 K	4.80	4.48	6.20
1 773 K	2.40	1.97	2.40
热膨胀系数（K^{-4}）（298~1 223 K）	10×10^{-6}	11.4×10^{-6}	9.67×10^{-6}

对比分析PuO_2-ThO_2、MOX、UO_2-ThO_2、UO_2 4种燃料铅基快堆堆芯特性参数计算结果，在较软中子能谱的铅基快堆中，^{232}Th燃料的增殖特性明显优于^{238}U燃料，^{239}Pu的中子经济性优于^{235}U。Th基燃料相比U基燃料的冷却剂温度系数和空泡系数负值更大，PuO_2-ThO_2燃料堆芯具有负值最大的轴向和径向膨胀系数。同时，ThO_2具备更稳定的化学性质、更大的热工安全裕量、更强的裂变产物的容留能力。Th基燃料还具备减少超铀核素生

成，降低核废料处理难度和防止核扩散优点。

Th 基燃料除了上述的一些优点外，但也存在一些缺点：首先，PuO_2-ThO_2燃料铅基快堆的有效缓发中子份额仅为 0.3%；其次，^{233}Pa 是钍铀转换过程最重要的中间核素，其中子吸收截面很大，且半衰期长达 27.4 d，因此在反应堆运行和停堆过程中，^{233}Pa 和^{233}U 的核素量变化会引起堆芯反应性的较大波动。以上两点均不利于长寿命反应堆的反应性控制[4]。除此之外，钍铀循环过程中产生的^{232}U 的子代均会放出能量为 2~2.6 MeV 的硬 γ 射线。Th 燃料的后处理必须在屏蔽 γ 射线的条件下进行。

综上所述，Th 基燃料用于长寿命自然循环反应堆设计时具有诸多优势，但是需要降低堆芯中子的泄漏及无效吸收以弥补 Th 燃料裂变截面较小的问题，同时还需要控制^{233}Pa 所引起的反应性波动。选择 PuO_2-ThO_2 作为长寿命小型自然循环铅基快堆的燃料做进一步研究。

3.2.2 氧化物、氮化物、碳化物、金属燃料选型

核燃料的选择直接关系到铅基快堆堆芯性能的优劣，不同类型燃料的材料物性、化学性质、耐铅和铅铋的腐蚀性能各不相同，铅基快堆装载不同燃料类型时，燃料装载量、反应性、燃耗特性差别较大，导致反应堆物理和热工安全性能也存在差异。目前，国际上正着力研究的快堆燃料主要有氧化物、碳化物、氮化物陶瓷燃料以及金属燃料两大类。表 3-9 给出了氧化物、氮化物、碳化物和金属燃料的主要物性参数。

氧化物陶瓷燃料优点是熔点高、燃耗深、中子经济性好，可在高温下运行，辐照稳定性高，与包壳和冷却剂相容性好；缺点是热导率相对较低，燃料芯块内温度梯度陡增，会出现重结构、破裂、密实、肿胀。但氧化物燃料技术最为成熟，可能是未来铅基快堆首先实现应用的燃料之一。

氮化物陶瓷燃料具备最高的热导率、熔点，中子经济性好，热工安全特性，硝酸溶解度佳，是目前认为较好的耐事故燃料；缺点是涉及^{15}N 纯化技术，缺少辐照制造经验，目前尚处于研究阶段。

碳化物陶瓷燃料优点是热导率高，温度梯度比氧化物平坦，功率密度高，中子经济性好，与 LBE 相容性较好；缺点是会与水发生化学反应，不溶于硝酸，缺少深燃耗和高温条件下的辐照数据。

金属燃料导热性能好，抗腐蚀，能承受应力，能满足深燃耗的要求，实现更硬的中子能谱，以 Zr 为基体的合金燃料已通过快堆实验取得制造、后处理、辐照经验；缺点是辐照稳定性稍差，熔点低，含铀燃料需采用高浓缩铀，不利于控制核扩散。

表 3-9 不同燃料材料性质[5]

燃料类型	氧化物	氮化物	碳化物	金属
重金属密度/(g/cm^3)	10.28	12.92	12.18	14.17
熔点/K	3 000	3 035	2 575	1 350

续表

燃料类型	氧化物	氮化物	碳化物	金属
热导率/(W/m · K)	2. 3	26	20	16
热膨胀系数/(10^{-5} · K)	1. 2	1. 0	1. 2	1. 7
热容/(J/g · K)	34	26	26	17

选取 PuO_2-ThO_2、PuN-ThN、PuC-ThC、Pu-Th-Zr 作为燃料，开展铅基快堆堆芯的燃耗与增殖性能、反应性系数计算分析，结合热物性比较不同类型燃料性能。

1. 燃耗与增殖性能比较

表 3-10、图 3-19 给出了 4 种类型燃料的参数、不同类型燃料堆芯运行 30EFPY 的燃耗反应性损失情况，燃耗反应性损失由小到大的顺序排列为：PuN-ThN < PuO_2-ThO_2 < PuC-ThC<Pu-Th-Zr。PuN-ThN 燃料具备相对较高的重金属与轻核比例，减少了中子的无效吸收，提高了中子经济性；同时 PuN-ThN 燃料的有效密度较高，核燃料装载量较大，比功率相对较小；这两点因素使得 PuN-ThN 燃料的燃耗反应性损失最小，为 3 724. 36 pcm。

表 3-10　不同燃料类型堆芯的燃耗反应性波动

燃料类型	PuO_2-ThO_2	PuN-ThN	PuC-ThC	Pu-Th-Zr
Pu 质量分数/(wt%)	28. 8	25. 4	28. 4	24. 7
燃料理论密度/(g/cm^3)	10. 28	12. 92	12. 18	14. 17
有效密度/%	90	85	70	75
燃耗反应性损失/pcm	4 606. 79	3 724. 36	6 255. 10	6 290. 49

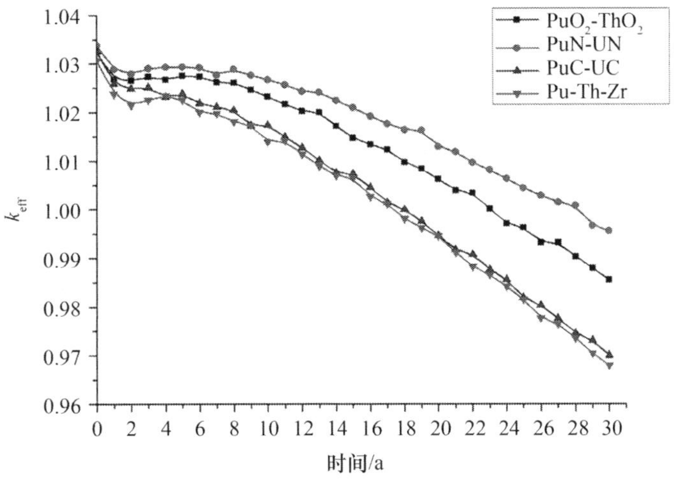

图 3-19　不同类型燃料堆芯运行 30EFPY 的燃耗反应性损失

图 3-20、图 3-21 给出了 4 种类型燃料堆芯的整体能谱与高能区能谱，在高能区 Pu-Th-Zr 金属燃料具备最高中子注量率和最硬的中子能谱；接着依次是 PuC-ThC、PuN-ThN、PuO_2-ThO_2燃料。

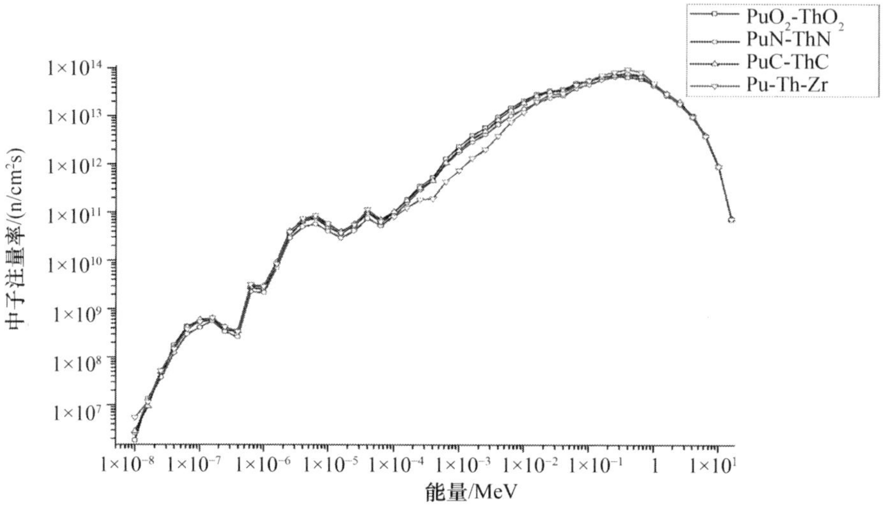

图 3-20　4 种燃料铅基快堆的中子能谱

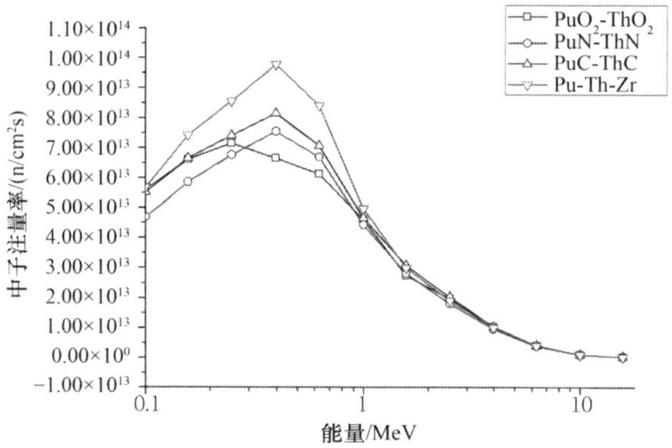

图 3-21　4 种燃料铅基快堆的高能区中子能谱

图 3-22 给出了 4 种类型燃料铅基快堆的 FIR 随运行时间的变化规律，图 3-23 给出了^{12}C、^{14}N、^{16}O、^{92}Zr 的中子俘获截面随中子能量的变化情况。由图 3-22 可知，FIR 降幅由小到大的顺序为：PuN-ThN < Pu-Th-Zr < PuO_2-ThO_2 < PuC-ThC。其中金属燃料 Pu-Th-Zr 的循环末的 FIR 仅小于 PuN-ThN，金属燃料 Pu-Th-Zr 具备较高密度，与之对应较小的堆芯比功率使得易裂变核素消耗速度相对较慢，较硬的中子能谱也有利于易裂变核素生成，堆芯内可以留存更多易裂变核素。但是从图 3-23 中可以看出，在高能区^{92}Zr 的中子吸收截面远大于^{12}C、^{14}N、^{16}O，堆内更多的中子无效吸收导致 Pu-Th-Zr 燃料的燃耗反应性损失最大。

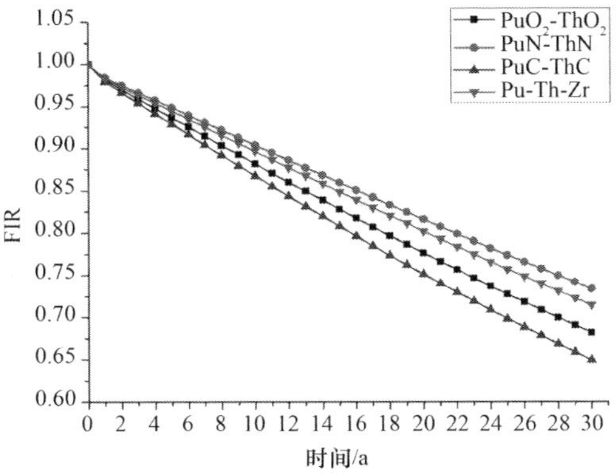

图 3-22　不同类型燃料的 FIR 随时间变化

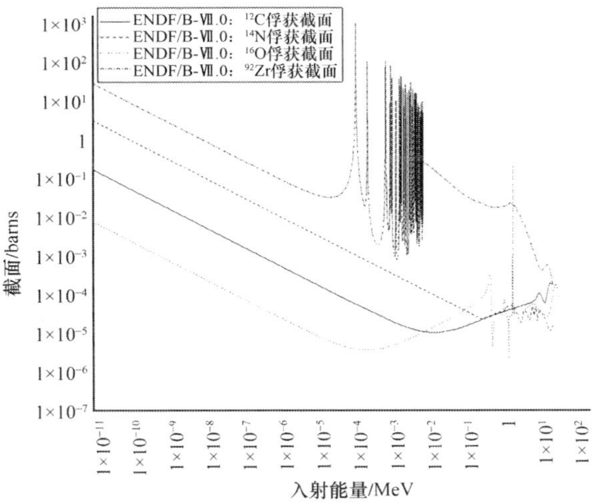

图 3-23　^{12}C、^{14}N、^{16}O、^{92}Zr 的中子俘获截面

2. 反应性系数比较

表 3-11 给出了 4 种燃料铅基快堆的反应性系数，其中 PuN-ThN 具备负值最大的多普勒系数、较大负值的冷却剂温度系数、空泡系数、轴向与径向膨胀系数，可确保堆芯的固有安全性。PuN-ThN 燃料堆芯的有效缓发中子份额仅为 0.26%，这是后续控制棒系统设计时需要注意之处。

表 3-11　不同燃料类型堆芯寿期初的反应性系数

燃料类型	PuO_2-ThO_2	PuN-ThN	PuC-ThC	Pu-Th-Zr
冷却剂温度系数/(pcm/K)	−0. 529 83	−0. 532 42	−0. 618 55	−0. 513 05
多普勒系数/(pcm/K)	−0. 444 48	−0. 489 16	−0. 402 48	−0. 276 83
空泡系数/(pcm/1%)	−38. 829 4	−46. 131 7	−51. 466 4	−49. 886 8

续表

燃料类型	PuO_2-ThO_2	PuN-ThN	PuC-ThC	Pu-Th-Zr
轴向膨胀系数/(pcm/1%)	-303.939	-250.148	-274.471	-297.159
径向膨胀系数/(pcm/1%)	-311.161 68	-258.112	-265.44	-300.896
有效缓发中子份额/%	0.300	0.26	0.09	0.298

3.3 冷却剂选型

目前铅基快堆主要有 Pb 和 Pb-Bi（LBE）两类冷却剂，其中 Pb 的同位素包含：^{204}Pb、^{206}Pb、^{207}Pb、^{208}Pb。Pb 和 Pb-Bi 具备不同的物性与热力学性质，中子反应截面也存在差异，这会对堆芯的物理特性和热工特性产生影响。考虑到天然 Pb 中的^{204}Pb 丰度较低，选取天然 Pb、Pb-Bi、^{206}Pb、^{207}Pb、^{208}Pb 同位素及其 Pb-Bi 混合物开展堆芯物理及热工参数计算分析。天然 Pb 成分及 Pb-Bi 质量分数如表 3-12 所示。Pb 的密度以公式（3-4）计算，Pb-Bi 的密度计算见公式（3-5）[6]。

$$\rho_{Pb-Bi} = 11\ 065 - 1.293 \cdot T \tag{3-5}$$

表 3-12　天然 Pb 成分及 Pb-Bi 质量分数

天然 Pb 成分		
成分	丰度/%	计算时质量分数/wt%
^{204}Pb	1.48	0
^{206}Pb	23.62	25.1
^{207}Pb	22.6	22.6
^{208}Pb	52.3	52.3
Pb-Bi 质量分数/wt%		
Pb	45	
Bi	55	

表 3-13 给出了不同冷却剂的 PuN-ThN 燃料堆芯运行 30EFPY 的燃耗反应性损失，由表 3-13 可看出使用 Pb 作为冷却剂的铅基快堆的燃料 Pu 质量分数、燃耗反应性损失更大；比较使用不同 Pb 同位素作冷却剂的堆芯，燃料 Pu 质量分数和燃耗反应性损失大小为：^{206}Pb > ^{207}Pb > ^{208}Pb，所有的冷却剂中^{208}Pb-Bi 的燃耗反应性损失最小，为 3 432.88 pcm。这样的差异主要来源于 Pb 同位素与中子的反应截面各不相同。表 3-14 给出了 Pb、Bi 的微观截面，图 3-24 为不同冷却剂的铅基快堆中子能谱，图 3-25 给出了 Pb 的俘获截面随入射中子能量变化情况。从表 3-14、图 3-24 和图 3-25 中可看出，Bi 的微观散射截面和吸收截面明显小于 Pb，^{208}Pb 相比其他同位素有更小的俘获截面和更高的非弹性散射阈

能[7]，采用^{208}Pb-Bi 作冷却剂的铅基快堆中子无效吸收最少，堆芯中子能谱硬且增殖性能最好。

表 3-13 不同冷却剂的 PuN-ThN 燃料堆芯运行 30EFPY 的燃耗反应性损失

冷却剂类型	Pu 质量分数/wt%	k_{eff}（BOC）	k_{eff}（EOC）	燃耗反应性损失/pcm
天然 Pb	24. 8	1. 032 00	0. 992 76	3 830. 06
^{206}Pb	26. 3	1. 034 56	0. 975 57	5 844. 73
^{207}Pb	25. 4	1. 033 81	0. 995 48	3 724. 48
^{208}Pb	23. 9	1. 031 32	0. 993 93	3 647. 59
天然 Pb-Bi	24. 5	1. 032 56	0. 994 82	3 674. 02
^{206}Pb-Bi	25. 0	1. 031 38	0. 986 56	4 404. 83
^{207}Pb-Bi	24. 7	1. 030 10	0. 994 82	3 442. 74
^{208}Pb-Bi	24. 0	1. 030 66	0. 995 44	3 432. 88

表 3-14 Pb、Bi 微观截面

核素	微观吸收截面 σ_a/b	微观散射截面 σ_s/b	微观输运截面 σ_t/b
Pb	0. 17	11. 4	11. 57
Bi	0. 033	≈9	9

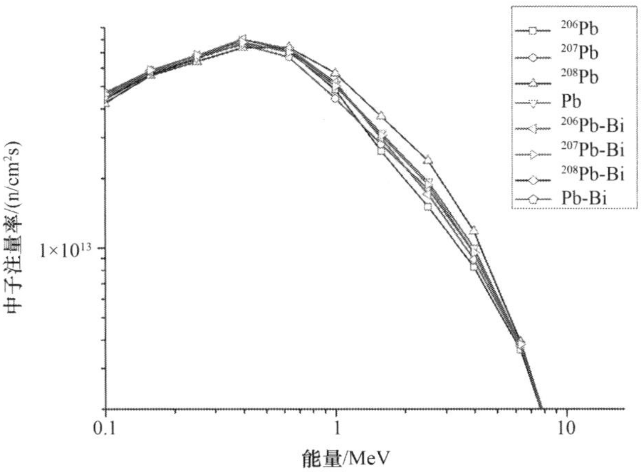

图 3-24 不同冷却剂的堆芯能谱

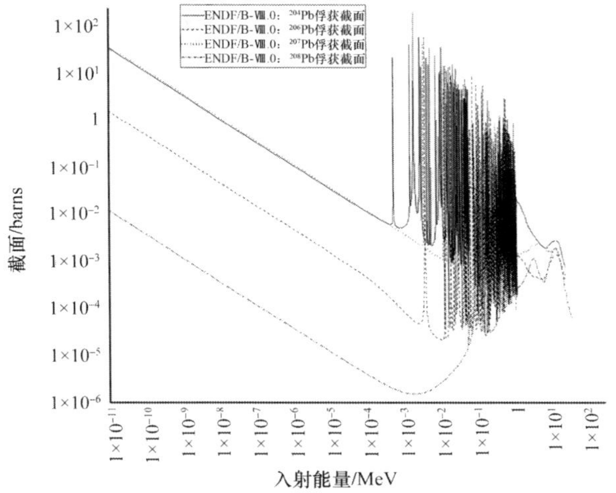

图 3-25　Pb 的俘获截面

表 3-15 给出了不同冷却剂铅基快堆的冷却剂温度系数和空泡系数，图 3-26 给出了 Pb 的非弹性散射截面随入射中子能量变化情况。由表 3-15 可知，Pb 相比 Pb-Bi 作冷却剂的堆芯具备更负的冷却剂温度系数和空泡系数，Pb 的同位素中，^{208}Pb 的冷却剂系数和空泡系数具备最大负值。当冷却剂温度上升或出现空泡时，单位体积内的冷却剂核素减少，中子散射反应率降低，堆芯中子变硬。由图 3-26 中可知，在高能区^{206}Pb、^{207}Pb 的中子俘获截面均随能量的升高减小，其中^{207}Pb 减小幅度更大；^{208}Pb 的中子俘获截面均随能量的升高先减小后增大；当堆芯中子能谱变硬时，冷却剂核俘获中子所带来的负效应^{207}Pb 最小，^{208}Pb 最大。采用^{208}Pb 作冷却剂可以获得最好的堆芯固有安全特性，^{208}Pb-Bi 次之。除此之外，从表 3-15 中可以看到，不同冷却剂堆芯的有效缓发中子份额 β_{eff}，Pb-Bi 冷却堆芯大于 Pb 冷却堆芯，而^{206}Pb > ^{207}Pb > ^{208}Pb。由此可见，采用 Pb-Bi 冷却堆芯更有利于反应堆控制。

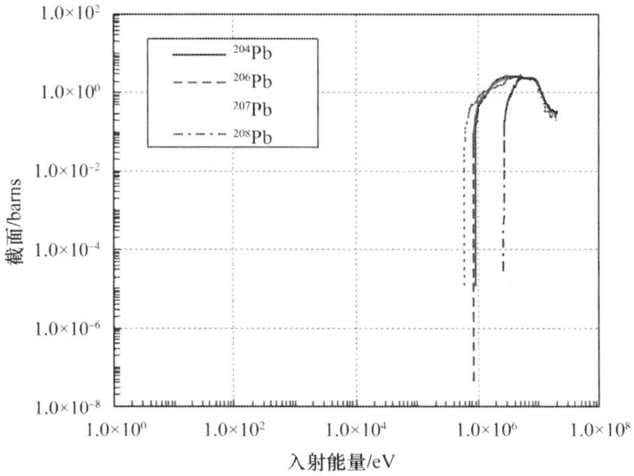

图 3-26　Pb 的非弹性散射截面

表 3-15 不同冷却剂堆芯的反应性系数

冷却剂类型	冷却剂温度系数/(pcm/K)	空泡系数/(pcm/1%)	有效缓发中子份额/%
天然 Pb	-0.738 4	-51.817 3	0.293
^{206}Pb	-0.736 6	-48.943 7	0.337
^{207}Pb	-0.500 7	-46.131 7	0.260
^{208}Pb	-0.783 1	-83.967 4	0.208
天然 Pb-Bi	-0.714 8	-58.274 5	0.339
^{206}Pb-Bi	-0.640 9	-51.893 7	0.385
^{207}Pb-Bi	-0.541 6	-49.146 6	0.323
^{208}Pb-Bi	-0.763 7	-69.316 2	0.317

不同于 Na 作冷却剂，铅基冷却剂有其独有的特点。Pb 和 Pb-Bi 的质量是 Na 的 12 倍，铅基堆芯有更大的提升压降，但是铅基冷却剂相比 Na 的更小热导率使其冷却能力较差，堆芯往往需要设计更大的 P/D，堆芯功率密度也较低，中子倍增时间更长，但较大的 P/D 并不会降低堆芯的中子经济性，因为铅基冷却剂具备较低的慢化能力与低的中子吸收截面。Pb 和 Pb-Bi 的高沸点可以防止冷却剂出现空泡，避免了在快堆空泡系数可能为正的风险。Pb 和 Pb-Bi 的中子活化产物放出的 γ 射线比 Na 的中子活化产物少很多，且 Pb 不与水发生反应，遇空气不会自燃，若堆池出现小裂缝，Pb 还能够迅速凝固，降低泄漏，因此铅基快堆的安全性要高于钠冷快堆。但是铅基冷却剂会对结构材料和主泵造成腐蚀，在相同的温度条件下，Pb-Bi 的腐蚀效果强于 Pb，为限制腐蚀问题，冷却剂流速必须小于 2 m/s。

表 3-16 给出了液态 Pb 与 Pb-Bi 主要物性对比情况，图 3-27 给出了 Pb 和 Pb-Bi 热膨胀系数随温度变化情况，图 3-28 给出了 Pb 和 Pb-Bi 黏性系数随温度变化情况。由表 3-16 可知，Pb、Pb-Bi 的熔点差异较大，Pb-Bi 相对较低的熔点能扩展铅基快堆的运行温度范围并降低运行维护难度。同时，从图 3-27 和图 3-28 可看出 Pb-Bi 的热膨胀系数大于 Pb 的对应值，且Pb-Bi 的黏性系数要小于 Pb，因此，相较于采用液态 Pb 为冷却剂的铅冷快堆，采用液态 Pb-Bi 为冷却剂的铅铋快堆自然循环能力更为突出。除此之外，铅基冷却剂，尤其是铅铋合金中的铋-209 在经过和中子辐照后，会产生具有挥发性的剧毒物质钋-210，这也给反应堆的运行和维护带来了极大的困难。但近年来，随着除钋技术的不断突破，钋-210 已找到了有效的解决方案，已不再构成制约铅基快堆发展的技术瓶颈[8]。

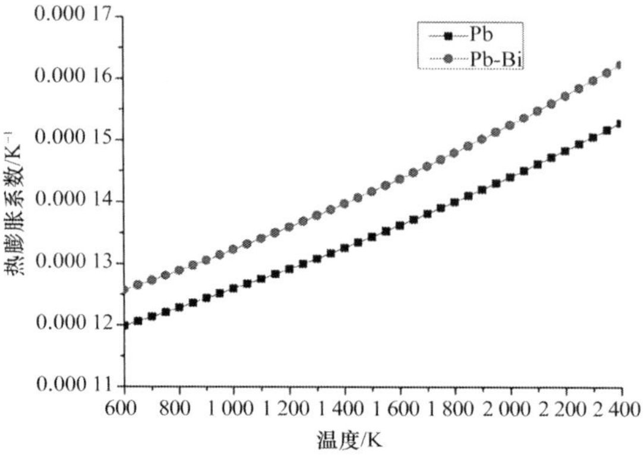

图 3-27　Pb 和 Pb-Bi 热膨胀系数随温度变化关系

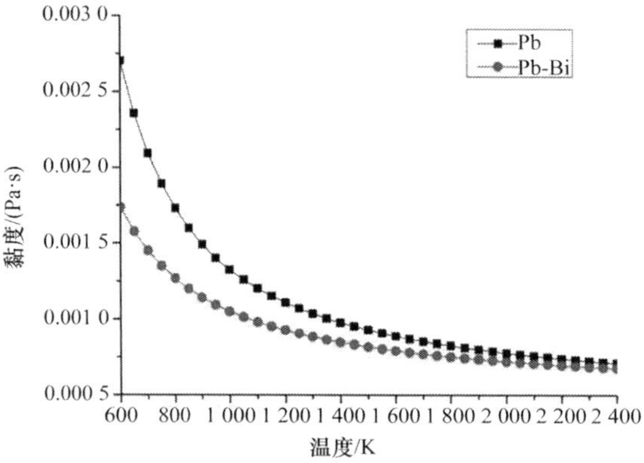

图 3-28　Pb 和 Pb-Bi 黏性系数随温度变化关系

表 3-16　液态 Pb 和 Pb-Bi 的主要物性对比

名称	关系式		单位
	Pb	Pb-Bi	
熔点	600. 06±0. 1	398±1	K
沸点	2 021±3	1 927±16	K
密度	$11\ 441-1.2795\cdot T$	$11\ 065-1.293\cdot T$	kg/m^3
热膨胀系数	$\frac{1}{8\ 942-T}$	$\frac{1}{8\ 558-T}$	K^{-1}
动力黏度	$4.55\times10^{-4}\cdot\exp\left(\frac{1\ 069}{T}\right)$	$4.94\times10^{-4}\cdot\exp\left(\frac{754.1}{T}\right)$	Pa · s

3.4 小 结

本章首先提出了小型铅基快堆堆芯初步方案，并对其物理、热工特性开展了研究，分析结果表明：采用 UO_2作燃料、^{207}Pb 作冷却剂的初步方案堆芯换料周期为 7 a，燃耗反应性损失 8 492 pcm，平均卸料燃耗为 40.32 MWd/kgHM，径向功率峰因子为较大，均达不到长寿命小型自然循环铅基快堆的设计要求。

在初步堆芯方案的基础上，系统开展了 U-Pu、Th-U 循环燃料及氧化物、氮化物、碳化物、金属燃料的燃耗特性、增殖特性、反应性系数、稳态热工特性等研究，研究表明：① PuN-ThN 燃料具备最大的卸料燃耗、最小的燃耗反应性损失，反应性系数均为负值；② 氮化物最高的熔点与最大的热导率使得其具备良好的热工安全特性和较大的热工安全裕量。除此之外，还研究比较了天然 Pb、Pb 的同位素、Pb-Bi 混合物作冷却剂的堆芯物理和热工特性，研究发现：① ^{208}Pb-Bi 冷却的铅基快堆燃耗反应性损失最小，增殖性能最佳，同时具备较小的负空泡系数与冷却剂温度系数；② Pb-Bi 相比 Pb 拥有更好的自然循环能力与更宽的运行温度区间，有利于堆芯的安全运行。

综上所述，可选择 PuN-ThN、^{208}Pb-Bi 作为长寿命自然循环铅基快堆堆芯燃料和冷却剂，开展下一步堆芯参数优化设计研究。

参考文献

[1] The core design of ALFRED, a demonstrator for the European lead-cooled reactors [J]. Nuclear Engineering and Design, 2014, 278: 287-301.

[2] Sobolev V, Malambu E, Abderrahim H A. Design of a fuel element for a lead-cooled fast reactor [J]. Journal of Nuclear Materials, 2009, 385 (2): 392-399.

[3] Ade B, Worrall A, Powers J, et al. Safety and regulatory issues of the thorium fuel cycle [R]. Oak Ridge National Lab. (ORNL), Oak Ridge, TN (United States), 2014.

[4] 余纲林，王侃. 钍铀燃料快谱系统中^{233}Pa 的特性 [J]. 清华大学学报（自然科学版），2008 (3): 374-377.

[5] 梅华平，吴庆生，韩骞，等. 铅铋堆嬗变燃料初步选型与分析 [J]. 核技术，2015，38 (8): 86-92.

[6] 孙伟. 行波堆物理分析方法及物理特性研究 [D]. 清华大学，2014.

[7] Okawa T, Sekimoto H. A design study on Pb-208 cooled compact CANDLE burning reactor for future nuclear energy supply [J]. Annals of Nuclear Energy, 2010, 37 (11): 1620-1625.

[8] Lorusso P, Bassini S, Del Nevo A, et al. GEN-IV LFR development: Status & perspectives [J]. Progress in Nuclear Energy, 2018, 105: 318-331.

第 4 章

长寿命小型自然循环铅基快堆堆芯参数/布置影响研究

在反应堆设计中堆芯参数直接影响反应堆的各项性能。本章将开展燃料富集度、堆芯高径比、燃料棒直径、栅径比 P/D、包壳及组件盒、增殖层及反射层布置、中子增殖层 BeO 等对堆芯物理特性、增殖性能、燃耗特性及稳态热工特性的敏感性分析，获得各参数的影响规律，筛选关键参数开展长寿命小型自然循环快堆堆芯的概念设计。

4.1 堆芯参数影响研究

4.1.1 燃料富集度影响

铅基快堆长寿期稳定运行的必要条件是易裂变核素增殖产生的反应性刚好补充燃耗损失的反应性，即实现燃料消耗与增殖的平衡。这就要求堆芯的增殖性能适中，如果增殖比太大，易裂变核素产生量大于消耗部分，堆芯 k_{eff} 增大；如果增殖比太小，易裂变核素产生量小于消耗部分，堆芯 k_{eff} 下降。因此，合适的增殖比是堆芯持续稳定运行的关键，而决定增殖比的关键因素之一是选择合适的燃料富集度。

图 4-1、表 4-1 分别给出了 Pu 质量分数 21.5%~24.5%的 PuN-ThN 燃料堆芯运行 30EFPY 的燃耗反应性损失及波动。研究结果表明，随着易裂变核素 Pu 的质量分数降低，可转换核素 Th 的质量分数升高，堆芯的增殖性能不断增强，燃耗反应性损失减小，燃耗反应性波动呈现先减小，后增大的趋势；当 Pu 的质量分数从 24.5%降低到 22%时，寿期末与寿期初的 k_{eff} 几乎相等，燃耗反应性损失仅为 31.86 pcm，燃耗反应性波动最小，为 1 842.82 pcm。由此推断，对于一个铅基快堆堆芯而言，存在一个最佳燃料富集度，使得堆芯 k_{eff} 在整个寿期内波动最小，以降低长寿命小型自然循环铅基快堆的控制难度，提高控制棒失控抽出事故工况下反应堆的安全性。但是采用 Pu 质量分数 22%燃料时，铅基快堆堆芯达不到临界，还需要采取调整堆芯的栅格参数、高径比，优化堆芯结构材料、反射层材料等手段增大初始 k_{eff}。

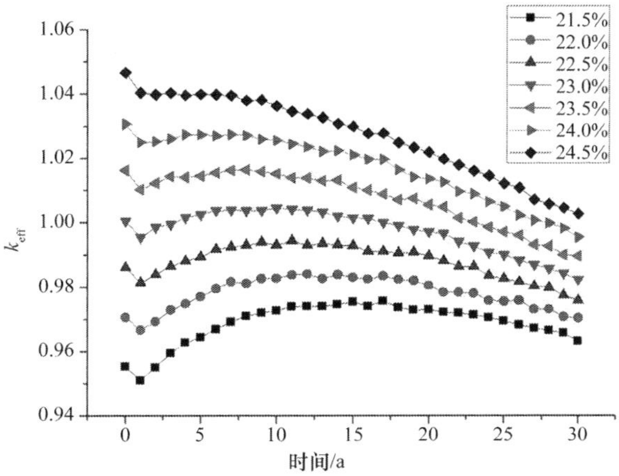

图 4-1　不同富集度的 PuN-ThN 燃料堆芯的 k_{eff} 随时间变化

表 4-1　不同富集度的 PuN-ThN 燃料堆芯的燃耗反应性损失及波动

Pu 质量分数/(wt%)	21.5	22.0	22.5	23.0	23.50	24.0	24.5
k_{eff} (BOC)	0.955 32	0.970 57	0.986 09	1.000 45	1.016 26	1.030 66	1.046 62
k_{eff} (EOC)	0.963 05	0.970 27	0.975 78	0.982 29	0.989 64	0.995 44	1.002 64
k_{eff} (Max)	0.975 55	0.984 13	0.994 39	1.004 44	1.016 34	1.030 66	1.046 62
k_{eff} (Min)	0.950 93	0.966 60	0.975 78	0.982 29	0.989 64	0.995 44	1.002 64
燃耗反应性损失/pcm	−840.20	31.856 8	1 071.49	1 847.91	2 646.83	3 432.88	4 191.03
燃耗反应性波动/pcm	2 653.93	1 842.82	1 917.95	2 244.97	2 654.58	3 432.88	4 191.03

从图 4-1 中可以看出，PuN-ThN 燃料堆芯的反应性在运行初期均存在先下降后上升的现象，出现了一个反应性的“凹陷”，这是因为 ^{232}Th 俘获中子经过 β 衰变后形成大量的 ^{233}Pa，其中子吸收截面很大，且半衰期长达 27.4 d，衰变常数较小，会产生类似中子毒物的效果，使堆芯反应性在刚启动运行时出现下降；不同 Pu 质量分数燃料的堆芯下降幅度均为 500 pcm 左右，可见 Th 的质量分数对 ^{233}Pa 引起反应性波动的影响并不大。而在堆芯比功率较高时，堆内的中子注量率更高，^{232}Th 的中子俘获反应率加大，所产生的 ^{233}Pa 数量更多，对堆芯反应性影响显著增强；待 ^{233}Pa 逐渐衰变为 ^{233}U，裂变反应性增加，堆芯的反应性回升。

图 4-2 给出了 24% Pu 质量分数堆内的 ^{233}Pa 数量随燃耗的变化情况。从图 4-2 可看出，启动反应堆后 ^{233}Pa 开始产生，运行第 2 年数量达到最大值，后逐渐吸收中子或衰变消失，直至第 20 a 后 ^{233}Pa 的产生和消失达到平衡，数量维持稳定。堆内积累的 ^{233}Pa 在反应堆停堆后还会继续衰变，导致反应堆内 ^{233}U 不断积累，使得停堆后有效增殖系数不断增加，这就对停堆深度提出了更高要求。

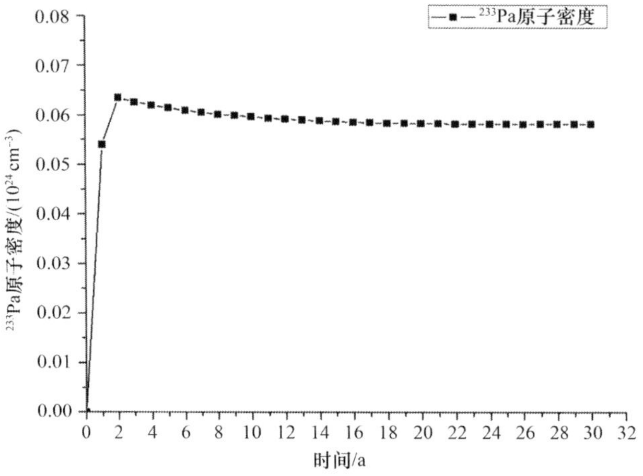

图 4-2 ^{233}Pa 核子密度随运行时间变化

上述分析可看出，影响堆芯增殖性能和反应性波动大小的因素主要有 Pu、Th 核素的质量分数以及^{233}Pa 的数量，在后续设计中均需综合考虑。

4.1.2 堆芯高径比影响

反应堆堆芯活性区的高径比（*H/D*）大小直接改变中子泄漏、冷却剂流动换热情况，进而影响堆芯的物理和热工特性。保持铅基快堆内燃料富集度、燃料装载量、线功率密度不变，调整堆芯活性区的高径比大小，计算分析堆芯的燃耗特性与稳态热工特性。

表 4-2 给出了堆芯参数及燃耗反应性波动随堆芯高径比的变化情况，图 4-3 给出了堆芯燃耗反应性波动及包壳最大温度随 *H/D* 变化情况。从表 4-2 和图 4-3 可看出，当 *H/D*>1 时，燃耗反应性损失随着 *H/D* 的增加而增大；当 *H/D*<1 时，燃耗反应性损失随着 *H/D* 减小而增大，且变化幅度大于 *H/D*>1 情况，*H/D* 每平均减小 10%，燃耗反应波动增加 91. 10 pcm；当 *H/D*≈1 时，堆芯中子泄漏最小，初始反应性最大，燃耗反应性损失最小。由于堆芯活性区径向设置了反射层，轴向两端有绝热层、气腔等，堆芯轴向比径向中子泄漏更显著，扁平堆芯相比瘦长堆芯中子经济性较差；而快中子相比热中子更易泄漏出堆芯，导致堆芯中子能谱变软，增殖性能降低。

表 4-2 堆芯参数及燃耗反应性波动随堆芯高径比变化

堆芯高径比	1. 498	1. 344	1. 012	0. 741	0. 573
组件数	78	84	102	126	150
堆芯活性区高度/cm	222. 3	206. 4	170	137. 6	115. 6
堆芯活性区等效直径/cm	148. 419	153. 568	168. 071	185. 654	201. 711
Pu 质量分数/(wt%)	24. 0	24. 0	24. 0	24. 0	24. 0
燃耗反应性损失/pcm	3 497. 05	3 487. 04	3 433. 25	3 747. 00	3 894. 46
燃耗反应性波动/pcm	3 497. 05	3 487. 04	3 433. 25	3 747. 00	3 894. 46

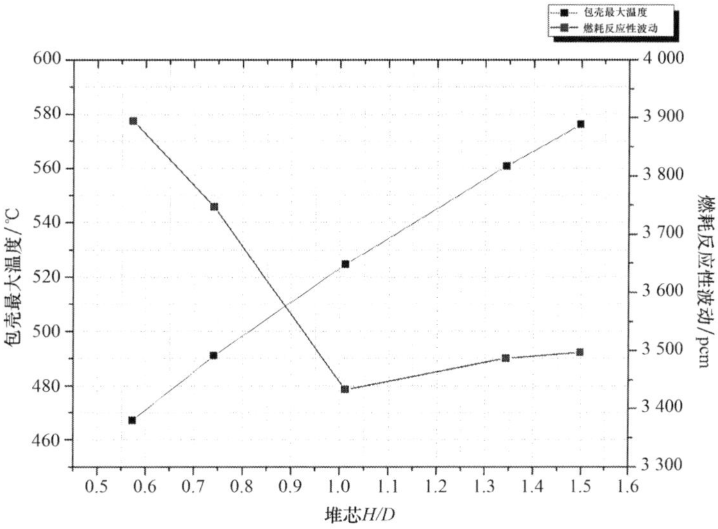

图 4-3 堆芯燃耗反应性波动及包壳最大温度随 *H/D* 变化情况

表 4-3 给出了堆芯热工参数随堆芯高径比变化情况。从表 4-3 可看出，当堆芯的高径比增大时，堆芯的压降不断增大；堆芯冷却剂流通面积及流量减小，流速增大；燃料棒包壳平均温度、最大温度、芯块最大温度均上升。高径比增大 10%，燃料棒包壳最大温度大约上升 6.75 ℃，堆芯压降上升 234.45，高径比增大到 1.25 时，燃料棒包壳表面最大温度将达到 550 ℃的热工安全限值。由此可见，扁平堆芯设计可使铅基快堆具备更好的自然循环能力和更大的热工安全裕量。

表 4-3 堆芯热工参数随堆芯高径比变化情况

堆芯高径比	1.498	1.344	1.012	0.741	0.573
堆芯压降	8 425.080	7 985.020	6 947.510	5 982.760	5 295.810
冷却剂流速/(m/s)	0.326	0.319	0.300	0.281	0.266
堆芯流量/(kg/s)	3 056.760	3 222.570	3 696.590	4 284.880	4 834.420
包壳平均温度/℃	500.853	489.116	461.466	435.799	417.554
包壳最大温度/℃	576.127	560.742	524.531	490.963	467.129
芯块最大温度/℃	726.666	715.255	690.337	667.345	651.69

综上所述，当堆芯的高径比 *H/D* 为 1 时，堆芯的中子泄漏最小，增殖性能最好，同时堆芯体积最小；扁平堆芯比瘦长堆芯的中子泄漏更显著，但其具备更好的自然循环能力与更大的热工安全裕量。

4.1.3 燃料棒直径影响

保持铅基快堆内燃料装载量、初始 k_{eff} 基本不变，堆芯的 *P/D* 为 1.5，高径比尽可能设计为 1 左右，以减少中子泄漏，调整堆芯内燃料棒直径的大小，评估燃料棒直径大小对于堆芯燃耗性能及热工性能的影响。

图 4-4、表 4-4 分别给出了燃料棒直径为 0.9、1.0、1.1、1.2、1.3、1.4 cm 的铅基快堆反应性随时间变化及燃耗反应性波动情况，图 4-5 给出了堆芯的燃耗反应性波动及 Pu 质量分数随燃料棒直径变化。分析结果显示，随着燃料棒直径加粗，堆芯的运行时间逐渐加长，运行 30EFPY 的燃耗反应性损失减小。当燃料棒直径由 0.9 cm 增大到 1.4 cm 时，燃耗反应性波动由 3 433.25 pcm 降到了 1 748.92 pcm。燃料棒直径增大 10%，燃耗反应性波动平均降低 337 pcm。采用粗棒径设计，堆内的燃料棒包壳和组件盒材料所占的份额减少，中子无效吸收降低，可采用更低 Pu 质量分数的燃料，堆芯的增殖性能提高。

表 4-4　堆芯参数及燃耗反应性波动随燃料棒直径变化

燃料棒直径/cm	0.9	1.0	1.1	1.2	1.3	1.4
组件数	102	84	72	66	54	48
燃料棒数	61	61	61	61	61	61
堆芯活性区高度/cm	170	167.6	161.5	148.4	153.6	149
堆芯等效直径/cm	168.071	165.713	165.716	165.691	165.506	166.597
堆芯高径比	1.011	1.011	0.975	0.896	0.928	0.894
燃料/包壳/冷却剂体积份额	23.12/17.62/59.26	24.16/16.34/59.50	25.06/15.24/59.70	25.85/14.27/59.88	26.55/13.41/60.04	27.17/12.65/60.18
Pu 质量分数/(wt%)	24.0	23.4	22.9	22.5	22.1	21.7
燃耗反应性损失/pcm	3 433.25	2 758.62	2 310.46	1 987.84	1 587.20	1 038.84
燃耗反应性波动/pcm	3 433.25	2 758.62	2 387.23	2 280.88	2 098.56	1 748.92

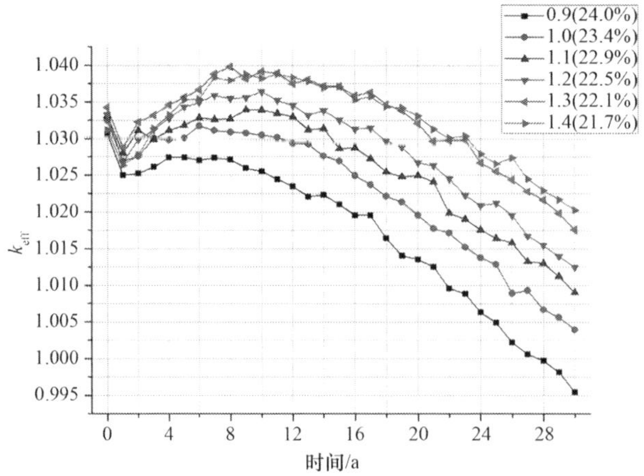

图 4-4　堆芯的燃耗反应性随燃料棒直径变化

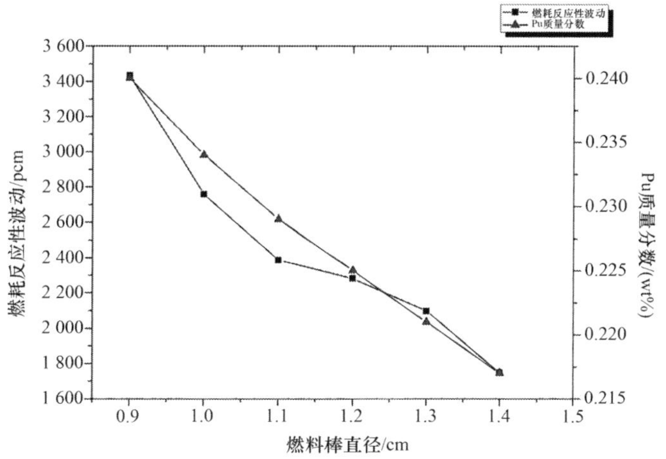

图 4-5　堆芯的燃耗反应性波动及 Pu 质量分数随燃料棒直径变化

表 4-5 给出了不同燃料棒直径堆芯热工参数随燃料棒直径变化情况。燃料芯块温度、包壳温度均随燃料棒直径增加而增加。当燃料棒直径由 0. 9 cm 加粗到 1. 4 cm 时，包壳最大温度由 524. 5 ℃上升到 541. 2 ℃，燃料芯块温度由 690. 3 ℃上升到 895. 4 ℃。燃料棒直径每增加 10%，包壳最大温度上升约 3. 3 ℃，堆芯压降上升 99. 79。

自然循环反应堆的换热能力较弱，为确保反应堆事故工况下的安全性，需要设计较大热工安全裕量，燃料棒包壳最大温度最好控制在 530 ℃以下，结合堆芯燃耗特性，选取燃料棒直径 1. 2 cm 方案开展后续堆芯参数优化分析。

表 4-5　堆芯热工参数随燃料棒直径变化

燃料棒直径/cm	0. 9	1. 0	1. 1	1. 2	1. 3	1. 4
堆芯高径比	1. 011	1. 011	0. 975	0. 872	0. 928	0. 894
堆芯压降	6 947. 51	7 037. 32	6 997. 70	6 696. 25	6 987. 12	6 925. 19
冷却剂流速/(m/s)	0. 300 376	0. 307 432	0. 311 436	0. 309 366	0. 319 215	0. 321 241
堆芯流量/(kg/s)	3 696. 59	3 650. 03	3 670. 42	3 833. 48	3 675. 91	3 708. 35
包壳平均温度/℃	461. 466	466. 087	467. 397	461. 81	472. 153	473. 121
包壳最大温度/℃	524. 531	530. 838	532. 828	525. 801	539. 647	541. 222
芯块最大温度/℃	690. 337	728. 035	764. 766	799. 87	851. 563	895. 361

4. 1. 4　栅径比影响

在堆芯栅格参数设计时，栅径比 P/D 是研究的重点，就物理设计而言，P/D 是影响堆芯能谱的关键因素，中子能谱变化会改变堆芯各类核反应率的大小及中子泄漏情况，进而影响堆芯的反应性系数、燃耗与增殖特性。就热工设计而言，P/D 决定了燃料栅格的水力学直径，进而影响堆芯压降，全自然循环的反应堆需要设计合理的 P/D 得到较小的压降，避免冷却剂的流致振动和逆流，确保堆芯自然循环的流动稳定性。因此，P/D 对堆芯各项性能的影响需要开展详细研究。

保持铅基快堆燃料棒直径、Pu 的质量分数不变，调整堆芯 P/D 大小，计算堆芯的 k_{eff}随燃耗变化情况。从图 4-6、表 4-6 中可以看出，堆芯的初始 k_{eff}和燃耗反应性损失均随 P/D 减小而增大，当 P/D 从 1.3 增大到 1.7 时，初始 k_{eff}由 1.074 65 降低到 0.994 32，燃耗反应性波动由 3 098.445 pcm 降低到 1 799.959 pcm。燃料棒直径不变，P/D 增大，冷却剂份额增加，中子能谱变软，快中子数量的减少使得中子泄漏减少，而堆芯高径比降低，又使得中子泄漏增大；^{232}Th 在高能区的中子俘获截面增大，裂变截面减小，更多中子被吸收用于转换成^{233}U，导致 k_{eff}减小；^{239}Pu 的裂变截面增大，裂变反应增加，导致 k_{eff}增大，但其增幅小于^{232}Th 中子俘获截面增幅。因此，在 Pu 的质量分数不变的情况下，铅基快堆初始 k_{eff}随着 P/D 增大而减小，增殖能力随着 P/D 增大而增大。

表 4-6　同样 Pu 质量分数，不同栅径比、高径比条件下堆芯的 k_{eff}随燃耗变化

栅径比 P/D	1.3	1.4	1.5	1.6	1.7
Pu 质量分数/(wt%)	22.5	22.5	22.5	22.5	22.5
k_{eff} (BOC)	1.074 65	1.053 93	1.033 25	1.013 24	0.994 32
k_{eff} (EOC)	1.040 02	1.026 3	1.012 45	0.999 30	0.985 58
k_{eff} (Max)	1.074 65	1.054 47	1.036 38	1.019 07	1.003 38
k_{eff} (Min)	1.040 02	1.026 3	1.012 45	0.999 30	0.985 58
燃耗反应性损失/pcm	3 098.445	2 554.435	1 988.311	1 376.748	891.853 2
燃耗反应性波动/pcm	3 098.445	2 603.025	2 280.605	1 941.363	1 799.959

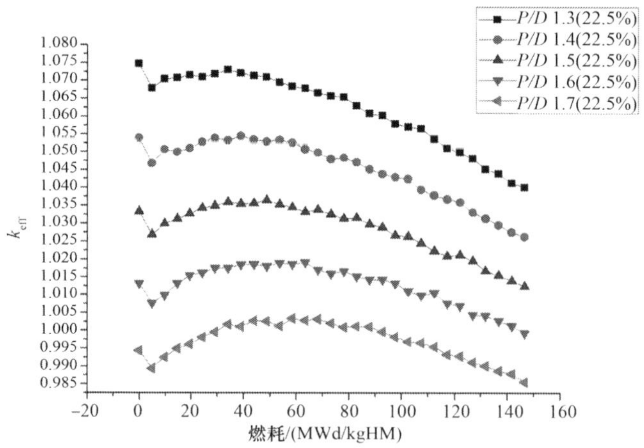

图 4-6　相同 Pu 质量分数、不同 P/D 条件下堆芯 k_{eff}随时间变化

保持铅基快堆燃料直径、堆芯初始 k_{eff} 不变，改变 P/D 大小，调整 Pu 的质量分数以维持堆芯初始 k_{eff} 基本一致，计算堆芯的 k_{eff} 随燃耗变化情况。表 4-7、图 4-7 和图 4-8 给出了不同 Pu 质量分数，不同栅径比条件下堆芯的 k_{eff} 随燃耗变化。从表 4-7、图 4-7 和图 4-8 可看出，堆芯 Pu 质量分数、燃耗反应性波动随着 P/D 减小而增大，当 P/D 由 1.3 增大到 1.7 时，Pu 的质量分数由 21.2%上升到 23.8%，燃耗反应性波动由 1 805.138 pcm 上升到2 931.981 pcm。这主要是因为 P/D 增大，为了维持相同的初始 k_{eff}，需要增加易裂变材料份额，增殖材料 ^{232}Th 减少导致堆芯增殖性能下降。从上述结果和图 4-8 中可以看出，相同/不同 Pu 质量分数堆芯的燃耗反应性波动随 P/D 变化呈现相反的趋势，这也说明增殖材料 ^{232}Th 的质量分数对堆芯增殖性能的影响大于 P/D。

表 4-7　不同 Pu 质量分数，不同栅径比条件下堆芯的 k_{eff} 随燃耗变化

栅径比 P/D	1.3	1.4	1.5	1.6	1.7
Pu 质量分数/(wt%)	21.2	21.8	22.5	23.1	23.8
k_{eff} (BOC)	1.033 72	1.030 92	1.033 25	1.030 97	1.033 05
k_{eff} (EOC)	1.022 56	1.017 66	1.012 45	1.007 09	1.002 68
k_{eff} (Max)	1.041 79	1.037 71	1.036 38	1.032 69	1.033 05
k_{eff} (Min)	1.022 56	1.017 66	1.012 45	1.007 09	1.002 68
燃耗反应性损失/pcm	1 055.778	1 263.909	1 988.311	2 299.959	2 931.981
燃耗反应性波动/pcm	1 805.138	1 898.61	2 280.605	2 461.511	2 931.981

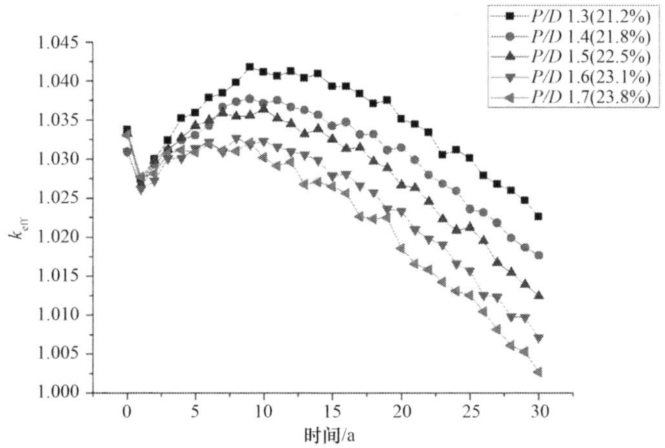

图 4-7　不同 Pu 质量分数、不同 P/D 条件下堆芯 k_{eff} 随时间变化

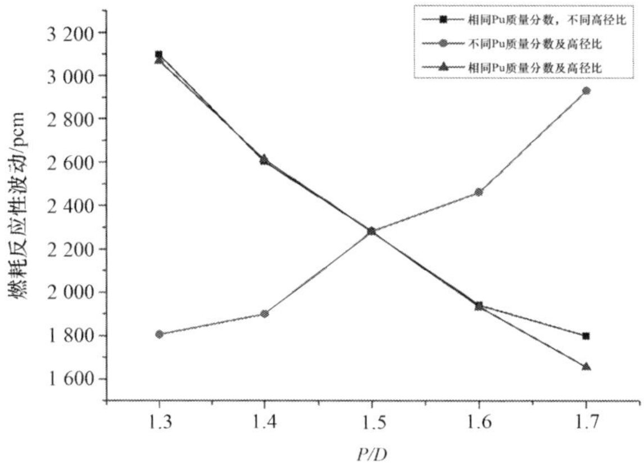

图 4-8　相同/不同 Pu 质量分数堆芯燃耗反应性波动随 *P/D* 变化

以上在调整 *P/D* 时，铅基快堆堆芯的高径比实际上也发生了变化，为比较 *P/D* 与高径比对堆芯物理和热工性能的影响，在保持燃料棒直径、Pu 的质量分数恒定的情况下，通过调整堆芯高度及燃料组件数目维持高径比相似，探讨单一变量 *P/D* 的改变带来的影响。表 4-8给出了相同 Pu 质量分数、高径比，不同栅径比条件下堆芯的 k_{eff}随燃耗变化。表 4-8分析结果显示，燃耗反应性波动仍随 *P/D* 上升而减小，*P/D* 平均上升 10%，燃耗反应性波动大约减少 505. 83 pcm。

表 4-8　相同 Pu 质量分数、高径比，不同栅径比条件下堆芯的 k_{eff}随燃耗变化

栅径比 *P/D*	1. 3	1. 4	1. 5	1. 6	1. 7
Pu 质量分数/(wt%)	22. 5	22. 5	22. 5	22. 5	22. 5
堆芯活性区高度/cm	136. 03	141. 95	148. 4	155. 467	163. 24
堆芯活性区等效直径/cm	146. 111	159. 072	165. 691	1. 718 37	181. 791
堆芯高径比	0. 895	0. 892	0. 896	0. 905	0. 898
k_{eff} (BOC)	1. 073 138	1. 052 632	1. 033 25	1. 014 686	0. 995 45
k_{eff} (EOC)	1. 038 921	1. 024 452	1. 012 45	1. 000 353	0. 990 103
k_{eff} (Max)	1. 073 138	1. 052 632	1. 036 38	1. 020 073	1. 006 604
k_{eff} (Min)	1. 038 921	1. 024 452	1. 012 45	1. 000 353	0. 990 103
燃耗反应性损失/pcm	3 069. 049	2 613. 201	1 988. 311	1 412. 057	542. 513
燃耗反应性波动/pcm	3 069. 049	2 613. 201	2 280. 605	1 932. 513	1 655. 660

表 4-9、表 4-10 给出了相同/不同高径比条件下，堆芯的热工参数随栅径比 *P/D* 变化，图 4-9 给出了燃料棒包壳最大温度随 *P/D* 变化情况。分析结果表明，堆芯压降、冷却剂流速、包壳平均温度、包壳最大温度、芯块最大温度均随 *P/D* 增大而减小，当 *P/D*

从 1.3 增大到 1.7 时，高径比约等于 0.89 情况下，包壳最大温度从 624.796 ℃下降到 490 ℃，*P/D* 增大 10%，包壳最大温度将下降 43.8 ℃，堆芯压降下降 1863.28，*P/D* 小于 1.45 时，包壳最大温度将大于 550 ℃的安全限值。

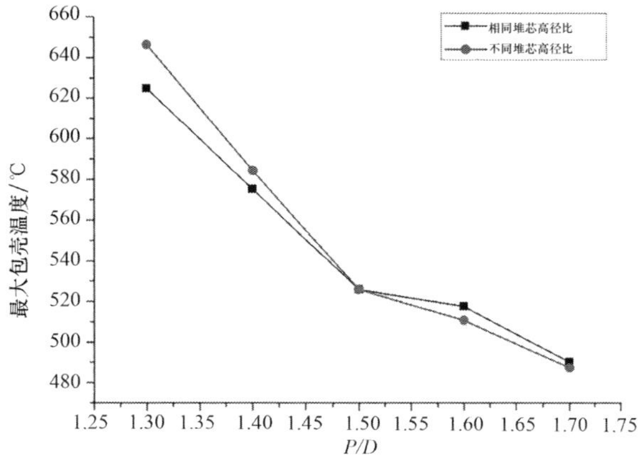

图 4-9　燃料棒包壳最大温度随 *P/D* 变化

表 4-9　相同高径比堆芯热工参数随栅径比变化

栅径比 *P/D*	1.3	1.4	1.5	1.6	1.7
组件数	72	69	66	63	60
堆芯活性区高度/cm	136.03	141.95	148.4	155.467	163.24
堆芯活性区等效直径/cm	146.111	159.072	165.691	1.718 37	181.791
堆芯高径比	0.895	0.892	0.872	0.905	0.898
堆芯压降	9 580.30	8 147.01	6 696.25	6 439.07	5 590.75
冷却剂流速/(m/s)	0.342 036	0.327 768	0.309 366	0.305 979	0.292 608
堆芯流量/(kg/s)	2 693.98	3 159.45	3 833.48	3 984.66	4 581.93
包壳平均温度/℃	537.455	499.576	461.81	455.336	434.258
包壳最大温度/℃	624.796	575.139	525.801	517.359	490.001
芯块最大温度/℃	862.075	828.331	799.87	790.214	782.691

表 4-10　不同高径比堆芯热工参数随栅径比变化

栅径比 *P/D*	1.3	1.4	1.5	1. 6	1.7
堆芯活性区高度/cm	148.4	148.4	148.4	148.4	148.4
堆芯活性区等效直径/cm	146.111	155.901	165.691	175.481	185.271

续表

栅径比 P/D	1.3	1.4	1.5	1.6	1.7
堆芯高径比	1.016	0.952	0.872	0.846	0.801
堆芯压降	10 196.6	8 407.64	6 696.25	6 229.22	5 512.77
冷却剂流速/(m/s)	0.351 351	0.332 354	0.309 366	0.301 682	0.289 014
堆芯流量/(kg/s)	2 534.06	3 063.01	3 833.48	4 117.26	4 646.06
包壳平均温度/℃	553.873	506.502	461.81	450.144	432.195
包壳最大温度/℃	646.37	584.22	525.801	510.616	487.291
芯块最大温度/℃	876.844	834.54	799.87	792.575	781.216

以上结果分析可以看出，就 P/D 对堆芯增殖能力的影响而言，在 Pu 的质量分数不变的情况下，堆芯的初始 k_{eff} 随着 P/D 增大而减小，增殖能力随着 P/D 增大而增大；在堆芯初始 k_{eff} 不变情况下，Pu 质量分数随着 P/D 增大而增大，增殖能力随着 P/D 增大而减小。这说明燃料 Pu 质量分数对堆芯增殖能力的影响大于 P/D。而堆芯的热工参数：堆芯压降、冷却剂流速、包壳平均温度、包壳最大温度、芯块最大温度均随 P/D 增大而显著减小。

综合分析堆芯参数对铅基快堆增殖性能、自然循环能力的影响，可以得到以下结论：① 对于堆芯增殖能力的影响大小为：燃料 Pu 质量分数 > P/D > 燃料棒直径 > 高径比。② 对于堆芯自然循环能力的影响大小为：P/D > 高径比 > 燃料棒直径。因此，在平衡堆芯增殖能力与自然循环能力时，可以采用较大 P/D、大棒径、低 Pu 质量分数燃料、略微扁平堆芯设计方案，同时需要采取相应手段减少中子的无效吸收和泄漏以维持堆芯长时间运行。

4.1.5 包壳及组件盒影响

铅基快堆的高温、高应力、高中子注量率的运行条件，以及 Pb/Pb-Bi 的强腐蚀性对材料提出了苛刻要求，铅基快堆对堆芯结构材料及包壳材料的要求为：在快中子辐照、Pb 的高温腐蚀与应力腐蚀等综合作用条件下，材料应具备足够的力学性能，足够的尺寸稳定性（抗辐照肿胀、优良的热及辐照蠕变性能），足够的耐均匀腐蚀、耐应力腐蚀、耐金属脆化性能。材料问题是如今制约铅基快堆发展的“瓶颈”问题之一，国际上正在积极探索各种满足上述要求的材料成分，并在缓解 Pb/Pb-Bi 腐蚀的氧控技术和材料表面涂层技术上取得了突破[1]。目前国际上具有代表性的铅基快堆设计方案中常用的结构材料主要有铁素体/马氏体钢 T91、HT-9 和奥氏体不锈钢 15-15Ti 三种。例如美国的 ENHS 采用的是 HT-9、欧盟的 ELSY 和 MYRRHA 采用的是 T91，ALFRED 和 ELECTRA 采用的是 15-15Ti。3 种包壳材料的成分如表 4-11 所示。

表 4-11 代表性包壳材料主要成分[2-3]

包壳	15-15Ti	HT-9	T91
元素	质量分数/(wt%)	质量分数/(wt%)	质量分数/(wt%)
C	0.09		0.09
Mn	1.80	0.9	0.53
Si	0.44	0.6	0.48
P			0.01
S			0.02
Cr	15.10	11.5	8.48
Mo	1.22	1.5	0.93
V			0.19
Nb			0.09
Al			0.01
Ni	14.96	0.5	0.02
N			0.04
Ti	0.52		
Fe	65.87	85.00	89.11

T91 钢具有优良的抗氧化、抗腐蚀性、高的热导率和低的膨胀系数等优点，欧美等国家将其视为高温铅铋回路的候选结构材料之一。铁素体/马氏体钢 HT-9 以其优异的高温强度、辐照稳定性以及与冷却剂相容性成为铅基快堆包壳和结构材料的候选材料，并已有丰富的钠冷快堆包壳及外套管应用经验。冷加工的 15-15Ti 奥氏体不锈钢具备良好的高温机械性能，耐铅、钠腐蚀性能以及抗辐照性能，也是快堆包壳的有力候选材料。

重点比较 3 种包壳材料的中子学性能，选出中子经济性最佳的包壳材料。表 4-12 给出了使用 3 种材料作为包壳和组件盒的堆芯 Pu 质量分数及燃耗反应性波动值。分析表明，采用 15-15Ti 堆芯的 Pu 质量分数、燃耗反应性波动最高，为 22.5%、2 280.6 pcm，采用 HT-9 和 T91 堆芯的 Pu 质量分数均为 22.2%、燃耗反应性波动 HT-9 略低于 T91，约为 2 059.3 pcm。由此可见 HT-9 的中子有害吸收最少，作为包壳和组件盒材料更有利于堆芯的小型化和长寿命。

表 4-12 不同包壳材料堆芯的燃耗反应性波动

包壳	15-15Ti	HT-9	T91
Pu 质量分数/(wt%)	22.5	22.2	22.2
k_{eff} (BOC)	1.033 25	1.030 442	1.030 677
k_{eff} (EOC)	1.012 45	1.014 676	1.014 330

续表

包壳	15-15Ti	HT-9	T91
k_{eff}（Max）	1.036 38	1.036 330	1.036 281
k_{eff}（Min）	1.012 45	1.014 676	1.014 330
燃耗反应性损失/pcm	1 988.311	1 507.893 198	1 563.637 968
燃耗反应性波动/pcm	2 280.605	2 059.267 066	2 088.322 193

除了包壳材料，组件盒的体积和数量同样会改变中子的有害吸收，从而影响堆芯的燃耗和增殖性能。保持铅基快堆燃料装载量不变，调整组件内燃料棒的数目，组件盒体积和数量相应发生变化，选择组件内 37、61、91 根燃料棒 3 种设计方案，开展堆芯燃耗计算，结果如表 4-13 所示。分析结果显示，3 种方案对应的包壳材料份额分别为 15.96%、14.27%、13.11%，燃耗反应性波动为 3 279.5 pcm、2 280.6 pcm、1 869.4 pcm。组件内燃料棒数目增加，组件数目和包壳份额相应减少，中子有害吸收降低，堆芯可采用更低质量分数的 PuN-ThN 燃料，增殖性能得以加强。显然，若堆芯采用无组件盒的全燃料棒布置，堆芯的中子经济性将得到进一步提升，热工性能方面还能够降低堆芯压降，避免冷却剂堵流。然而也有研究表明，组件盒虽会增加冷却剂的流动阻力，但有利于堆芯流量分配，便于更换燃料。而自然循环堆芯无法通过主泵的调节改变流量大小，需要通过组件盒设计完成流量分配以使堆芯冷却剂载热均匀。另一方面，当燃料总装载体积不变情况下，组件内 91 根燃料棒方案堆芯仅包含 48 个组件，组件数目太少不利于堆芯功率展平与控制棒组件设计，因为单根控制棒组件的反应性价值不允许超过 1 $。结合堆芯的中子经济性考虑，本文选择组件内 61 根燃料棒的设计方案开展进一步优化设计。

表 4-13　组件内不同燃料棒数目的堆芯燃耗反应性波动

组件内燃料棒数目	37	61	91
燃料组件数目	102	66	48
堆芯活性区高度/cm	158.3	148.4	136.8
堆芯活性区等效直径/cm	164.013	165.691	171.134
堆芯高径比	0.965	0.896	0.799
燃料/冷却剂/包壳份额/%	24.39/59.65/15.96	25.85/59.88/14.27	26.86/60.03/13.11
Pu 质量分数/(wt%)	23.4	22.5	21.8
k_{eff}（BOC）	1.032 858	1.033 25	1.029 406
k_{eff}（EOC）	0.999 019	1.012 45	1.017 271
k_{eff}（Max）	1.032 858	1.036 38	1.036 991
k_{eff}（Min）	0.999 019	1.012 45	1.017 271

续表

组件内燃料棒数目	37	61	91
燃耗反应性损失/pcm	3 279.466	1 988.311	1 158.821
燃耗反应性波动/pcm	3 279.466	2 280.605	1 869.37

4.2　堆芯布置影响研究

4.2.1　增殖层影响

快堆较硬的中子能谱使其具备天然的增殖核燃料的潜力，在大量的快堆设计方案中都会添加增殖层以提高堆芯的增殖能力与中子经济性，而在较软中子能谱的 Th 基铅基快堆中，布置增殖层是否也能取得良好的增殖效果，以及增殖层布置的方法需要进行研究。

选取堆芯 P/D 为 1.5，燃料棒直径为 1.2 cm，采用组件内 91 根燃料棒的设计方案，以 ThO_2作为增殖材料，设计 3 种增殖层布置方案。方案 1 及方案 2 分别将堆芯中心 6 个组件的轴向中间位置 1/6、1/3 的 PuN-ThN 燃料替换成增殖材料 ThO_2，由于目前设计方案采用统一富集度，燃料堆芯中心中子注量率大，功率密度高，这种替换方案可以使中子更多泄漏至增殖层，并展平堆芯功率分布。方案 3 在堆芯径向最外层添加一圈 ThO_2增殖组件，以保持堆内易裂变核素装载量不变。

表 4-14 给出了 3 种增殖层布置方案和无增殖层布置方案的燃耗反应性损失及波动，可以看出，燃耗反应性损失及波动由小到大的顺序为：无增殖层<方案 1<方案 2<方案 3，燃耗反应性损失分别为 282.232 pcm、1 420.357 pcm、1 646.827 pcm、2 567.572 pcm，燃耗反应性波动分别为 1 861.634 pcm、2 095.133 pcm、2 209.310 pcm、2 823.349 pcm。

表 4-14　不同增殖层布置方案堆芯燃耗反应性波动

增殖层布置方案	无增殖层	方案 1	方案 2	方案 3
Pu 质量分数/(wt%)	21.3	22.2	23.0	22.3
k_{eff} (BOC)	1.013 365	1.012 058	1.012 295	1.014 822
k_{eff} (EOC)	1.010 475	0.997 716	0.995 696	0.989 051
k_{eff} (Max)	1.026 574	1.019 017	1.018 092	1.017 463
k_{eff} (Min)	1.007 323	0.997 716	0.995 696	0.989 051
燃耗反应性损失/pcm	282.232	1 420.357	1 646.827	2 567.572
燃耗反应性波动/pcm	1 861.634	2 095.133	2 209.310	2 823.349

注：布置方案 1：中心 6 个组件轴向中间 1/3 高度换成增殖材料 ThO_2

布置方案 2：中心 6 个组件轴向中间 1/6 高度换成增殖材料 ThO_2

布置方案 3：径向增加 1 圈增殖组件，增殖材料为 ThO_2

上述分析结果表明，无论是在堆芯径向还是轴向添加增殖层，燃耗反应性损失及波动随着增殖材料添加量增加而增大，增殖材料的添加使得中子吸收增强，堆芯初始反应性下降，需要提高易裂变核素富集度以维持 k_{eff}在运行期间保持临界状态，因此裂变区的增殖能力随着增殖材料比例减少而下降。与稠密栅格快堆相比，本设计堆芯 *P/D* 较大，中子能谱相对较软，堆芯的快中子数量相对减少，且冷却剂份额较多，快中子在穿越冷却剂 LBE 时发生的非弹性散射或吸收反应增加，进入增殖层的快中子数量进一步降低。因此，在 *P/D* 较大的铅基快堆中，增殖层的布置并不能获得更好的增殖性能，相比增殖材料的非均匀布置方案，均匀布置方案（即弥散布置在燃料棒中）可以获得更好的增殖性能，并减小堆芯体积大小。

4.2.2 中子增殖层 BeO 的影响

在不增加燃料装载量的和较大 *P/D* 条件下，为进一步提高铅基快堆堆芯的增殖能力，增大卸料燃耗，在反应堆内加入中子增殖层 BeO，BeO 添加在组件最外圈燃料棒与组件盒的间隙内、以及替换组件盒中的马氏体/铁素体钢 HT-9。BeO 的添加主要有两方面的优势：① 相比于 HT-9，BeO 较好的慢化性能会使得堆内快中子数量减少，中能区中子增加，更多的中子可以被^{232}Th 共振吸收；BeO 中子寄生吸收截面更小，尤其在高能区较大的（n，2n）、（γ，n）反应截面，可使得堆内产生更多中子，以提高堆芯的中子经济性与增殖能力。② 在组件盒与燃料棒间隙内添加 BeO，可以确保每根燃料棒的冷却剂流通面积一致，避免六角形组件边缘角通道出现过冷情况。

探索 BeO 中子增殖层对铅基快堆物理性能及燃耗性能的影响，以堆芯内 66 个燃料组件、单个组件内含 61 根燃料棒，*P/D* 为 1.5 的方案为基础，选择 3 种 BeO 添加方案开展燃耗计算分析。方案 1 仅在组件盒与燃料棒间隙添加 BeO，方案 2 在方案 1 的基础上，还将组件盒的内侧一半体积材料替换成 BeO，方案 3 在方案 1 的基础上，将整个组件盒材料全部替换成 BeO。3 种方案的组件如图 4-10 所示。

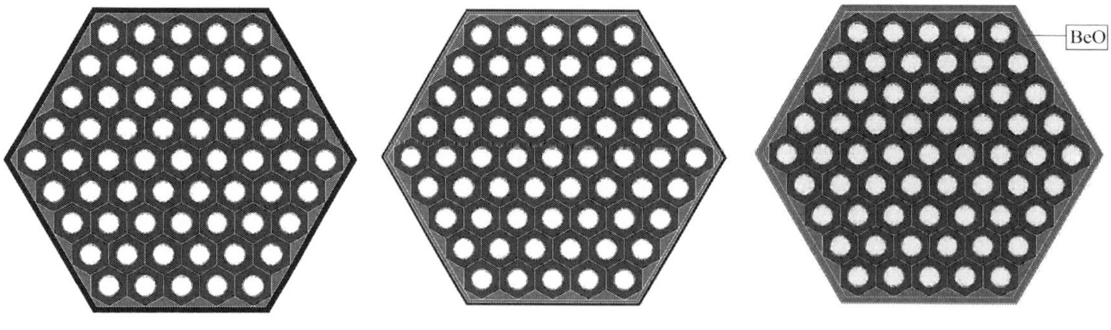

（a）方案 1　（b）方案 2　（c）方案 3

图 4-10　中子增殖层 BeO 添加方案

图4-11、表4-15分别给出了组件内不添加中子增殖层BeO堆芯方案、添加BeO方案1、方案2、方案3的铅基快堆k_{eff}随时间变化，燃耗反应性波动、燃耗反应性损失、燃料中Pu质量分数。从表4-15中可以看出，在反应堆初期，堆芯内添加BeO会引起快中子数量及由其引起发的裂变反应减少，导致寿期初k_{eff}降低，需要提高燃料Pu质量分数以维持堆芯临界，因此Pu质量分数从未添加BeO堆芯的22.8%分别提高到了23.8%、24.2%、24.3%。

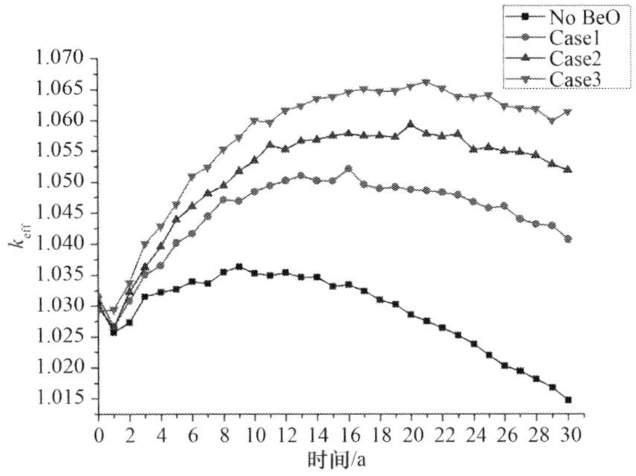

图4-11　有/无添加BeO堆芯方案的k_{eff}随时间变化

表4-15　组件内添加BeO堆芯的燃耗反应性波动

BeO添加方案	无BeO方案	方案1	方案2	方案3
Pu质量分数/(wt%)	22.2	23.8	24.2	24.3
k_{eff}（BOC）	1.030 442	1.031 541	1.029 773	1.029 179
k_{eff}（EOC）	1.014 676	1.040 705	1.051 857	1.061 364
k_{eff}（Max）	1.036 330	1.052 122	1.059 312	1.066 196
k_{eff}（Min）	1.014 676	1.026 624	1.026 483	1.029 179
燃耗反应性损失/pcm	1 507.893	−853.632 5	−2 038.823	−2 946.444
燃耗反应性波动/pcm	2 059.267	2 360.634	3 019.131	3 373.442
^{233}Pa引起的反应性损失/pcm	447.614 7	464.303 9	311.245 2	−20.954 5

从图4-11中可以看出，在反应堆运行中期，相比无BeO堆芯，有BeO堆芯的k_{eff}明显增大，随着BeO含量的上升，k_{eff}随时间的增幅愈加显著，寿期末的k_{eff}已经大于寿期初的k_{eff}。无BeO方案、有BeO方案1、方案2、方案3的燃耗反应性损失由正变负，分别为1 507.893 pcm，−853.632 5 pcm，−2 038.823 pcm，−2 946.444 pcm，燃耗反应性波动不断增大，分别为2 059.267 pcm，2 360.634 pcm，3 019.131 pcm，3 373.442 pcm。显然，BeO在高能区产生（n，2n）、（γ，n）反应使堆内中子数增加，弥补了Pu质量分数

上升带来的负面影响，显著提高了堆芯的增殖能力。同时还发现，随着 BeO 添加量的上升，由 Th 基燃料中间产物^{233}Pa 吸收中子所引起的反应性损失逐渐降低，这是因为 BeO 核反应所产生的中子起到了很好的缓解甚至弥补作用。因此，在组件内添加 BeO 可以显著提高堆芯的中子经济性与增殖能力，缓解甚至弥补^{233}Pa 带来的反应性波动，同时还可以保持每根燃料棒的冷却剂流通面积一致。这意味着在确保较强增殖能力和较小燃耗反应性波动的前提下，燃料装载量和堆芯体积可以进一步减少，并提高卸料燃耗。但是 BeO 承受 Pb/Pb-Bi 的腐蚀性能有待进一步研究。

利用 BeO 的优势，优化小型长寿命铅基快堆堆芯设计方案：堆内燃料组件数目由 66 个减少为 48 个，控制棒组件由 7 个增加到 13 个，反射层组件由 128 个减少到 108 个，屏蔽层组件数量仍为 108 个，组件内燃料棒数目、燃料棒直径依然为 61 个、12 mm，堆芯活性区高度从 148.4 cm 降低到 140 cm。由于燃料棒线功率密度增加，P/D 由 1.5 放宽到 1.7，BeO 添加在组件盒与燃料棒间隙及组件盒中。尺寸缩小后的堆芯布置如图 4-12 所示。

图 4-12　添加中子增殖层 BeO 的堆芯布置方案

4.2.3　反射层影响

反射层是保证小型反应堆达临界重要条件，不同的反射层材料中子吸收截面存在差异，反射层的厚度会直接影响堆芯中子的泄漏率，进而改变堆芯的中子学性能、燃耗性能，并影响堆芯寿命；同时，反射层厚度还会改变堆芯功率分布，导致热工特性发生变化，并影响反应堆尺寸。因此，需要选择反射层材料，研究反射层厚度的影响。以上述添加 BeO 中子增殖层的优化铅基快堆堆芯方案为基础，将燃料组件分两区布置。选取 Pb-Bi、ZrO_2、HT-9、MgO、BeO 作为反射层材料，开展堆芯燃耗计算。

图 4-13 给出了采用不同反射层材料堆芯的 k_{eff} 随燃耗变化情况，表 4-16 给出了燃耗反应性波动及损失。分析结果显示，采用 5 种反射层材料的堆芯燃耗反应性波动大小由小到

大为：^{208}Pb-Bi<MgO<ZrO_2<BeO<HT-9，其中^{208}Pb-Bi 的燃耗反应性波动为2 518.609 pcm，其中子吸收材料在5种材料中最小，作为反射层材料可以获得最好的中子经济性。当反应堆容器出现破口时，液态^{208}Pb-Bi 的流出可以显著提高中子泄漏，有利于反应堆停堆并确保停堆深度。选择^{208}Pb-Bi 作为 SPALLER 的反射层材料。

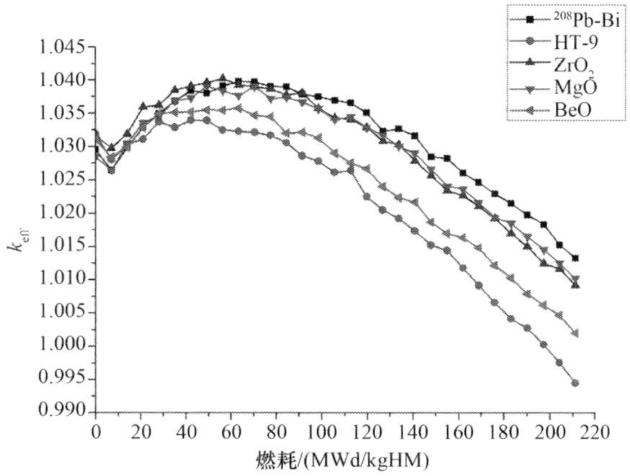

图 4-13 不同反射层材料堆芯 k_{eff}随时间变化

表 4-16 不同反射层材料堆芯燃耗反应性损失及波动

反射	^{208}Pb-Bi	HT-9	ZrO_2	MgO	BeO
Pu 质量分数/(wt%)	24. 8/29. 7	26. 3/31. 2	25. 3/30. 2	24. 8/29. 7	24. 8/29. 7
k_{eff} (BOC)	1. 029 507	1. 031 804	1. 031 687	1. 028 407	1. 031 063
k_{eff} (EOC)	1. 013 229	0. 994 441	1. 009 186	1. 010 181	1. 001 987
k_{eff} (Max)	1. 039 763	1. 033 95	1. 040 205	1. 039 014	1. 035 709
k_{eff} (Min)	1. 013 229	0. 994 441	1. 009 186	1. 010 181	1. 001 987
燃耗反应性损失/pcm	1 560. 501	3 641. 376	2 161. 139	1 754. 394	2 814. 410
燃耗反应性波动/pcm	2 518. 609	3 842. 532	2 954. 865	2 747. 067	3 249. 477

接着研究反射层厚度对铅基快堆堆芯物理及热工性能的影响，选取3种反射层厚度方案：3圈（108个）、2圈（66个）、1圈（30个）反射层组件。图4-14给出了3种反射层厚度方案的堆芯 k_{eff}随燃耗变化。

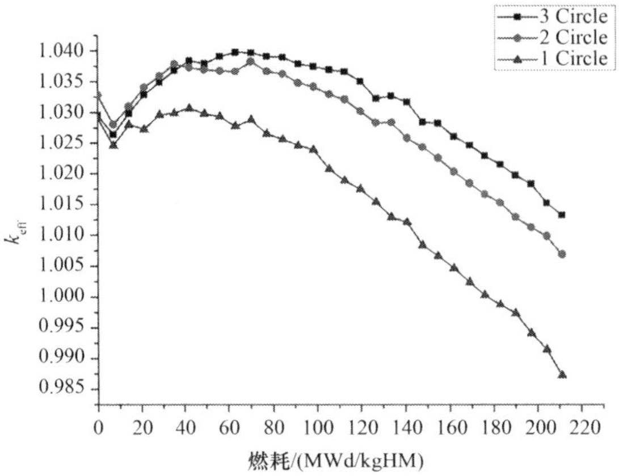

图 4-14　3 种反射层厚度堆芯的 k_{eff} 随时间变化

表 4-17 给出了 3 种反射层厚度方案铅基快堆的燃耗反应性波动、功率峰因子、最大包壳温度。从表 4-17 中可看出，随着反射层厚度从 1 圈增加到 3 圈，堆芯中子泄漏减少，燃耗反应性波动从 4 270. 382 pcm 降低到 2 518. 609 pcm；功率分布趋向均匀，寿期初功率峰因子从 1. 294 降低到 1. 138，燃料棒包壳最大温度也相应从 544. 025 ℃ 下降到 509. 712 ℃，堆芯的空泡系数从-98. 678 pcm/1%增加到-89. 912 pcm/1%。当反射层较厚时，厚度增加带来的堆芯反射层节省越小，反射层厚度增加到一定值后，反射层节省约等于中子在反射层中的扩散长度。虽然反射层厚度的增加可以带来诸多好处，但是违背了反应堆小型化的原则，综合考虑中子学性能和热工设计裕量，本文选择 2 圈反射层组件的设计方案。

表 4-17　3 种反射层厚度堆芯参数

反射层组件	3 圈	2 圈	1 圈
Pu 质量分数/(wt%)	24. 8/29. 7	25. 5/30. 4	26. 6/31. 5
燃耗反应性损失/pcm	1 560. 501	2 485. 298	4 120. 571
燃耗反应性波动/pcm	2 518. 609	2 991. 336	4 270. 382
功率峰因子 BOC	1. 138	1. 182	1. 294
冷却剂温度系数/(pcm/K)	-0. 858	-0. 972	-1. 089
空泡系数/(pcm/1%)	-89. 912	-97. 725	-98. 678
包壳最大温度 BOC/℃	509. 712	519. 43	544. 205

4. 2. 4　组件分区布置的影响

组件分区布置是展平堆芯功率分布的有效手段之一。以添加中子增殖层 BeO 和 2 圈反射层的铅基快堆堆芯为基础，将堆内的燃料组件径向分为 2 区布置，内区 2 圈组件采用 Pu 质量分数较低的燃料，外区 2 圈组件采用 Pu 质量分数较高的燃料。表 4-18 给出了燃料未分区和 3 种组件分区方案的铅基快堆堆芯燃耗反应性波动、径向功率峰因子，可以看出，燃料组件分区可以显著降低堆芯的功率峰因子和燃料棒包壳最大温度，并减小燃耗反应性损失和波动，有效提高堆芯安全性和经济性。

表 4-18 不同燃料组件分区的堆芯参数

分区方案	未分区	方案 1	方案 2	方案 3
Pu 质量分数/(wt%)	26.9	24.0/28.9	23.4/29.3	20.7/30.6
燃耗反应性损失/pcm	768.461	157.899 1	229.994	84.917
燃耗反应性波动/pcm	2 190.807	1 923.490	1 809.758	1 865.242
功率峰因子 BOC/MOC/EOC	1.461/1.469 /1.432	1.173/1.310 /1.345	1.176/1.284 /1.318	1.249/1.162 /1.257

分析发现，当铅基快堆内外区燃料 Pu 质量分数相差较小时，堆芯的径向功率峰因子随着燃耗的逐渐增大；而相差较大时，径向功率峰因子随着燃耗的加深，先减小后增大。这主要是因为 Pu 质量分数越低，燃料增殖能力越强，内区燃料能够生成更多易裂变核素用于裂变，当内外区燃料 Pu 质量分数相差较小时，内区燃料产生的功率能够在较短运行年内超过外区，并逐渐拉大差距；而 Pu 质量分数相差较大时，内区燃料产生的功率逐渐增大与外区燃料达到平衡，再超越外区燃料。因此，为使整个运行周期内堆芯的功率分布较为均匀，优化堆芯方案的组件分区布置宜采用 Pu 质量分数相差较大的燃料方案。

4.3 小 结

本章开展了堆芯参数与堆芯布置对于铅基快堆长寿命、小型化、自然循环能力的影响分析，主要研究了燃料富集度、堆芯高径比、燃料棒直径、*P/D*、组件盒设计对于堆芯增殖性能和自然循环能力的影响。探讨了 ThN 增殖层、中子增殖层 BeO、反射层材料、反射层厚度、燃料组件分区布置对于堆芯的燃耗性能、增殖性能、反应性系数、功率分布、燃料包壳最大温度、堆芯体积大小的影响，得到以下结论：

(1) 堆芯参数影响研究方面

① 燃料中 Pu 的质量分数越低，堆芯增殖能力越强，Th 燃料的中子俘获产物 ^{233}Pa 会引起较大的反应性波动。② 当堆芯的高径比 *H/D* 为 1 时，堆芯的中子泄漏和堆芯体积最小，增殖性能最好，扁平堆芯比瘦长堆芯的中子泄漏更显著，但是具备更好的自然循环能力。③ 大棒径设计可以中子无效吸收降低，提高堆芯的增殖性能，但是会增大线功率，使包壳最大温度略有上升。④ 相同 Pu 的质量分数时，堆芯增殖能力随 *P/D* 增大而增大；堆芯初始 k_{eff} 不变时，增殖能力随着 *P/D* 增大而减小。*P/D* 增大，堆芯自然循环能力随着 *P/D* 的增大显著提升；对于堆芯增殖能力的影响：燃料 Pu 质量分数 > *P/D* > 燃

料棒直径 > 高径比。对于堆芯自然循环能力的影响：*P/D* > 高径比 > 燃料棒直径。长寿命小型自然循环铅基快堆采用较大*P/D*、大棒径、低 Pu 质量分数燃料、略微扁平堆芯方案较佳。⑤ HT-9 作为包壳和组件材料的中子有害吸收最少，有组件盒设计虽会增加中子吸收和冷却剂的流动阻力，但有利于堆芯流量分配，便于更换燃料。

（2）堆芯布置影响研究方面

① 在 *P/D* 较大的铅基快堆中，相比增殖材料的非均匀布置方案，均匀布置方案（即弥散布置在燃料棒中）可以获得更好的增殖性能，并减小堆芯体积大小。② 在组件内添加 BeO，可以显著提高堆芯的中子经济性与增殖能力，减小堆芯体积，提高卸料燃耗，缓解甚至弥补^{233}Pa 带来的反应性波动，同时还可以保持每根燃料棒的冷却剂流通面积一致，避免边缘角通道出现过冷情况。③ ^{208}Pb-Bi 作为反射层材料的中子吸收最少，可以获得最好的中子经济性和安全性。2 圈反射层组件的设计方案可以获得较好的中子学性能和热工设计裕量。④ 堆芯采用两区燃料组件布置，选取较大 Pu 质量分数差可以维持整个运行周期内堆芯的功率分布较为均匀，提高堆芯增殖能力。

参考文献

[1] T91 钢在静态铅铋氧控环境中应力腐蚀行为研究［D］. 中国科学技术大学，2018.

[2] 吕亮亮，李垣明，周毅，等. 快堆用 HT-9 研究进展［J］. 核动力工程，2016，37（S1）：30-33.

[3] 田书建. T91 和 15-15Ti 钢在 500 ℃液态铅铋合金氧控条件下腐蚀行为与机理研究［D］. 中国科学技术大学，2016.

第 5 章

长寿命小型自然循环快堆概念设计

根据上述燃料、冷却剂选型，堆芯参数、堆芯布置方案设计分析结论，提出长寿命小型铅基快堆堆芯概念设计方案 SPALLER，开展控制棒系统设计与一回路系统初步方案设计，并评估其是否满足设计目标与设计准则；开展 SPALLER 中子学和稳态热工特性研究，掌握长寿命小型铅基快堆的物理及热工特性。

5.1 堆芯设计方案

长寿命小型自然循环铅基快堆 SPALLER 堆芯热功率为 100 MW，换料周期为 30 a，运行温度为 260~400 ℃，换料停堆工况下冷却剂温度为 200 ℃。堆芯活性区高度 1.5 m，等效直径为 1.7 m，由 48 个燃料组件、13 个控制棒组件、66 个反射层组件和 126 个屏蔽组件组成。SPALLER 采用 PuN-ThN 燃料，燃料有效密度为 85% TD，堆内装载核燃料 5 475.88 kg，易裂变核素装载量为 891.02 kg。堆芯活性区分为内、外两区，内区燃料组件 12 个（Pu 质量分数为 20.5%），外区燃料组件 36 个（Pu 质量分数为 30.8%）。^{208}Pb-Bi作为冷却剂和反射层，屏蔽材料采用 B_4C。图 5-1 和图 5-2 分别为 SPALLER 堆芯 *X-Y* 截面和 *X-Z* 截面示意图。

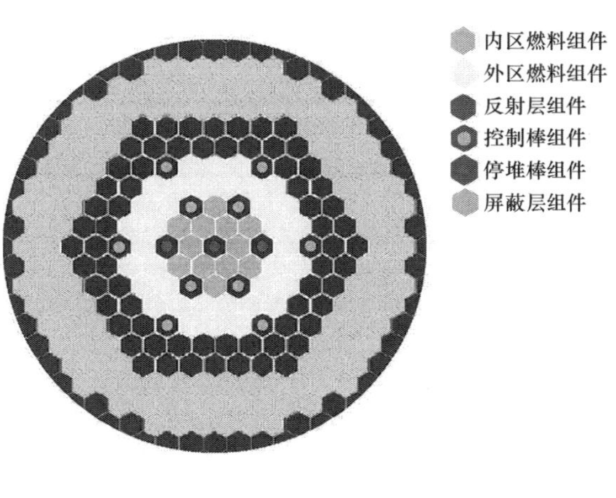

图 5-1　SPALLER 堆芯 *X-Y* 截面图

图 5-2　SPALLER 堆芯 *X-Z* 截面图

图 5-3 为 SPALLER 燃料棒结构示意图。SPALLER 燃料棒由燃料芯块、气隙、包壳、弹簧、气腔、上/下绝热层、上下端塞组成，总长度为 3 m。包壳材料为铁素体/马氏体钢 HT-9，燃料芯块和包壳间隙填充 He。为了容纳更多的裂变气体，燃料棒下方的气腔由 96 cm 加长到 118 cm。燃料芯块直径为 12 mm，包壳厚度为 0. 6 mm，由于堆芯的燃料装载量减少，比功率增加，为确保冷却剂充足的载热能力，将 *P/D* 由 1. 5 增大到 1. 7。燃料棒的具体设计参数见图 5-3。燃料组件采用六角形结构，外层设有 4 mm 的组件盒，组件盒材料为 BeO，组件盒与燃料棒间隙也填充中子增殖层 BeO，用于提高堆芯的中子经济性与增殖能力，以及维持每根燃料棒的冷却剂流道面积一致。燃料组件的设计见图 5-4，反射层组件与屏蔽层组件与初步堆芯方案一致。

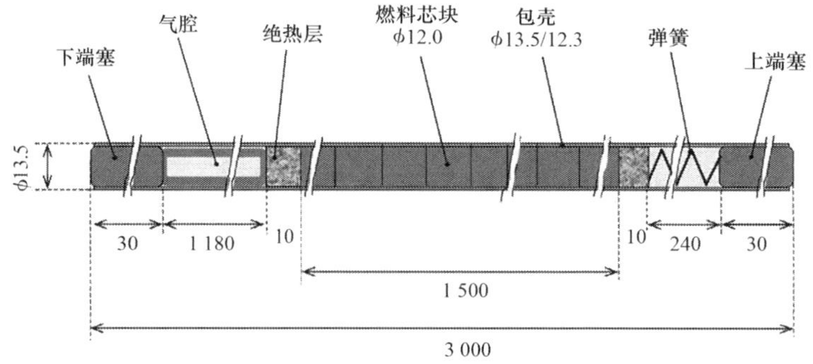

图 5-3　SPALLER 燃料棒

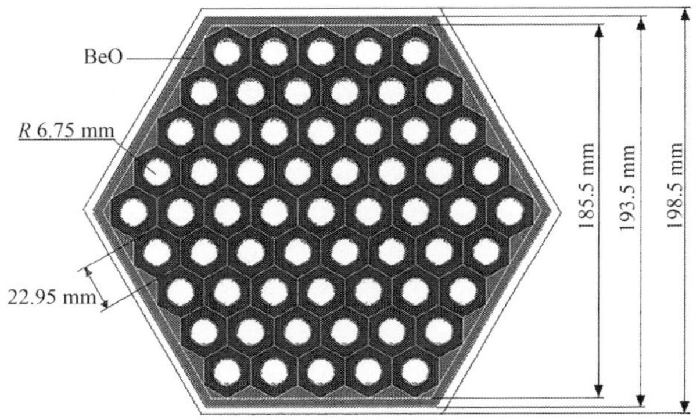

图 5-4　SPALLER 燃料组件

表 5-1 给出了 SPALLER 与初步堆芯设计参数对比情况。分析表明，与初步堆芯相比，SPALLER 堆芯方案燃料装载量减少了 17.5%，易裂变核素装载量减少了 30.8%。堆芯体积缩小 9.7%。燃料装载量与堆芯体积减小幅度不匹配，这主要是因为堆芯体积的大小受限于热工安全限值的要求，而不是维持堆芯临界。如果降低反应堆热功率输出，堆芯体积能够大幅缩小。

表 5-1　优化前后堆芯设计参数对比

设计方案	初步堆芯	SPALLER 堆芯
燃料/易裂变核素装载量	6 637.54/1 287.68 kg	5 475.88/891.02 kg
活性区等效直径/cm	168	170
活性区高度/cm	170	150
平均线功率密度/(kW/m)	9.45	22.77
平均体积功率密度/(MW/m^3)	26.53	29.37
^{235}U 富集度/Pu 质量分数/%	$UO_2$21.55	PuN-ThN 20.5/30.8
燃料棒内/外直径/mm	0.9/1.05	1.2/1.35
燃料棒间隙填充气体	He	He
燃料棒间隙宽度/mm	0.15	0.15
包壳材料	15-15Ti	HT-9
包壳厚度/mm	0.6	0.6
组件盒材料	15-15Ti	BeO
组件盒厚度/mm	4	4
中子增殖层	—	BeO
栅径比 P/D	1.5	1.7

续表

设计方案	初步堆芯	SPALLER 堆芯
组件数目	102	48
组件内燃料棒数目	61	61
反射组件数目	90	66
屏蔽组件数目	98	126

5.2 控制棒设计方案

为控制反应堆的反应性，提高安全性，长寿命小型铅基快堆堆芯内设计了 2 套相互独立、相互冗余，且工作原理不同的控制棒系统：① 调节棒系统：用于反应堆的正常运行工况下的控制，包括反应堆的启动、反应性控制、功率展平、正常停堆和事故停堆。② 停堆棒系统：仅用于反应堆的事故停堆。

5.2.1 控制棒设计参数

SPALLER 调节棒与停堆棒的吸收材料为 B_4C（^{10}B 的原子比为 90%），密度为 2.2 g/cm^3。调节棒组件系统由 10 根调节棒组件组成，每个组件包含 7 根 B_4C 棒，棒直径为 12 mm，外包覆 0.6 mm 的 HT-9 包壳，包壳和吸收体间填充 0.15 mm 的 He。导向管为 2 mm 厚的 HT-9，内径 34.425 mm。轴向上控制棒由下至上分别为滚筒、下反射段、吸收体、上反射段、气腔、端塞。调节棒组件设计方案如图 5-5 所示。

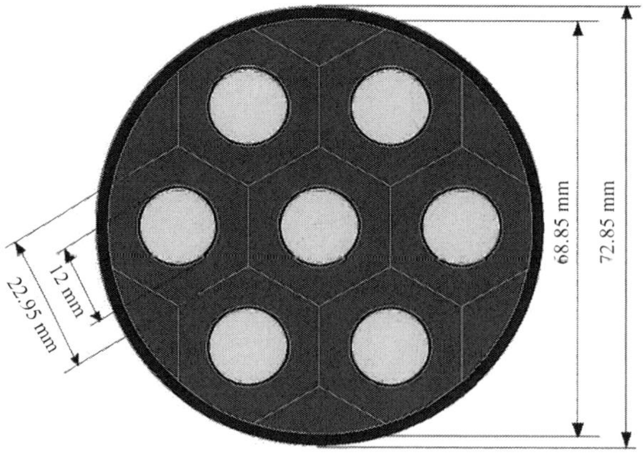

图 5-5　调节棒组件设计方案

SPALLER 停堆棒系统由 3 根停堆棒组件组成，停堆棒直径为 21 mm，气隙、包壳、导向管结构与控制棒一致。轴向上由上往下分别为滚筒、气腔、吸收体、钨块、端塞，钨块的密度为19.35 g/cm³，大于Pb-Bi密度10.52 g/cm³，主要起配重作用。停堆棒组件设计方案如图5-6所示，为避免控制棒组件之间出现干涉效应降低控制棒价值，并使功率分布尽可能均匀，控制棒组件在堆芯中采取间隔对称布置。

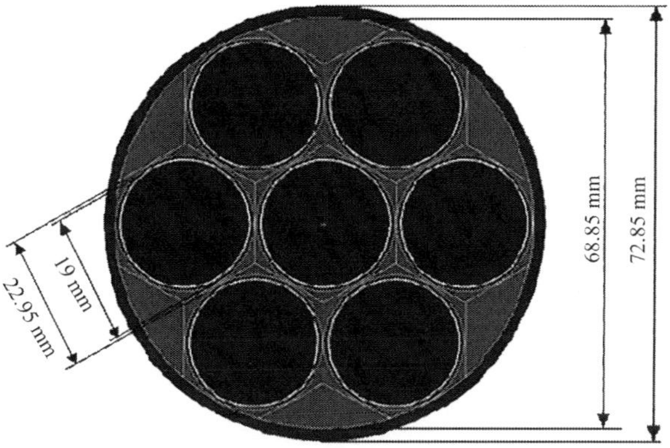

图5-6 停堆棒组件设计方案

5.2.2 控制棒工作原理

调节棒系统和停堆棒系统的工作原理不同，调节棒系统依靠Pb-Bi的浮力从堆芯底部进入堆芯，停堆棒系统依靠配重钨块的重力下落到堆芯。非能动、多样性设计确保在任何工况下反应堆均能安全停堆，提高反应堆运行的安全性。如图5-7所示。

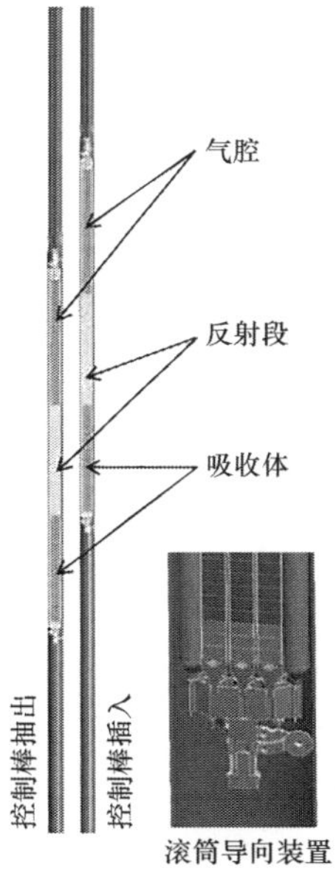

图5-7 调节棒系统工作原理

在反应堆运行时，调节棒组件由电机驱动从堆芯下方插入堆芯中的导向管内；紧急停堆时，电磁连接消失，调节棒组件依靠浮力由下往上进入堆芯。调节棒中吸收体上方的气腔可以改变大小来调节控制棒插入堆芯的速度。调节棒组件底部还设有滚桶导向装置，确保在导向管变形扭曲的情况下，也能引导控制棒束进入到管道内。在反应堆正常运行工况下，停堆棒组件靠电磁吸力悬在堆芯活性区上方。当紧急停堆时，电磁体开关关闭，停堆棒组件依靠重力自动下落到堆芯。如图 5-8 所示。

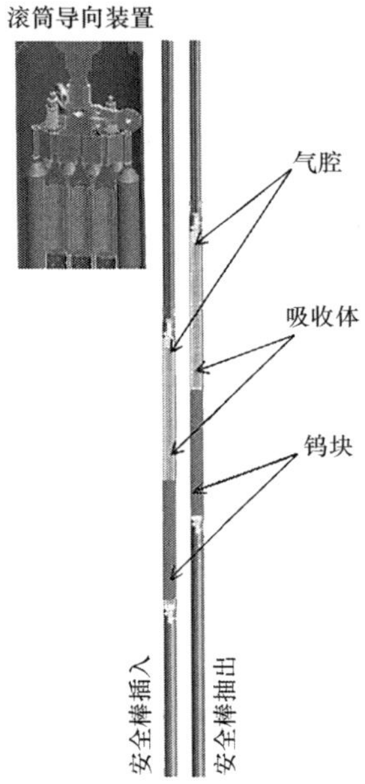

图 5-8　停堆棒系统工作原理

5.2.3　控制棒价值估算

调节棒系统需要达到以下控制目标：① 抵消反应性波动；② 弥补满功率运行向热备用（零功率状态，冷却剂温度等于正常运行时入口温度）工况、热备用向换料停堆工况切换过程中温度变化引入的反应性；③ 满足停堆深度要求，$k_{eff}<0.99$；④ 满足卡棒准则，即调节价值最大的组件不能进入堆芯，其他控制棒组件依然达到停堆深度要求；⑤ 功率运行工况下，每个调节棒组件的使用价值不超过 1 $，以避免调节棒组件失控抽出事故下堆芯瞬发临界。

停堆棒系统需要达到如下控制目标：① 弥补满功率运行向热备用工况切换过程中温度变化引入的反应性；② 满足停堆深度要求，$k_{eff}<0.99$；③ 满足卡棒准则；④ 停堆棒组件和控制棒组件全部插入堆芯后，$k_{eff}<0.95$。

表 5-2 给出了反应堆控制需要的反应性价值，主要包含冷却剂温度变化引入的反应性、堆芯剩余反应性、要求达到的停堆深度，同时还考虑了控制棒驱动机构误操作使调节棒失控抽出堆芯所引入的正反应性，和 10% 的反应性误差。计算结果显示，调节棒系

统需要提供3 876.46 pcm的反应性价值，停堆棒系统需要提供1 230.17 pcm的反应性价值。反应堆正常运行时，调节棒组插入堆芯吸收剩余反应性并展平功率分布，堆芯最大的剩余反应性为2 018.3 pcm，叠加满功率运行到热备用工况温度效应引入的230.17 pcm的反应性，10根调节棒总共需要抵消2 248.47 pcm的反应性以维持堆芯临界，其中使用价值最大的一根调节棒组的反应性价值为245.23 pcm，小于1 $，即堆芯的缓发中子份额0.3%，约为300 pcm。当控制棒驱动机构误操作使调节棒失控抽出堆芯时，不会发生瞬发临界事故。

表5-2 反应堆控制所需的反应性

需要的反应性价值/pcm	调节棒系统	停堆棒系统
满功率运行到热备用工况	230.17	230.17
热备用到换料停堆工况	35.58	—
堆芯剩余反应性	2 018.30	—
停堆深度	1 000.00	1 000.00
控制棒驱动机构误操作	245.23	—
误差10%	352.41	—
合计	3 876.46	1 230.17

表5-3分别给出了调节棒系统、停堆棒系统的反应性价值，同时考虑了反应性价值最大的一根控制棒组件不能进入堆芯，即卡棒事故工况，此时调节棒系统、停堆棒系统可利用的反应性价值分别为4 441.71 pcm、2 720.32 pcm，减去需要提供的反应性价值，还有565.25 pcm，1 490.15 pcm的停堆余量。两套控制棒全部下插入堆芯时，引入的负反应性为9 122.92 pcm，满足换料停堆工况下堆芯$k_{eff}<0.95$的设计要求。

表5-3 控制棒系统反应性价值

反应性价值/pcm	调节棒系统	停堆棒系统
控制棒系统反应性价值	5 690.75	3 852.17
卡棒事故	1 249.04	1 131.85
可利用反应性价值	4 441.71	2 720.32
停堆余量	565.25	1 490.15

上述分析结果表明，铅基快堆内的调节棒和停堆棒系统均达到了设计目标。即使反应堆出现严重事故，控制棒系统具有足够的停堆余量保证安全停堆。

5.3 一回路系统初步设计

图 5-9 给出了 SPALLER 热传输系统结构示意图。SPALLER 热传输系统由一回路系统、二回路系统和三回路系统（最终热阱）组成。一回路系统采用全自然循环冷却技术，二回路系统采用 18 MPa 的过热水蒸气，三回路系统（最终热阱）采用空气冷却方式，热传输系统设计参数见表 5-4。为保证冷却剂铅在低功率和零功率情况下仍处于液态，反应堆内设置了辅助加热系统，辅助加热系统初步选择在堆芯底部设置电加热器或布置可充入热气体的管道的设计方案。

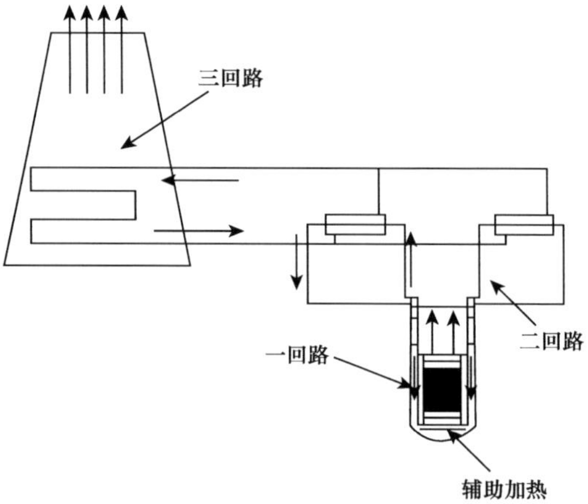

图 5-9 SPALLER 热传输系统结构示意图

表 5-4 SPALLER 热传输系统主要设计参数

项目		数值
一回路冷却剂系统	反应堆热功率/MW	100
	一回路冷却剂	^{208}Pb-Bi
	堆芯入口温度/℃	300.0
	堆芯出口温度/℃	460.0
	冷却方式	自然循环
	自然循环高度/m	3
	一回路冷却剂流量/(kg·s^{-1})	4 353.7
	主换热器数目	4
	辅助加热器功率/kW	200

续表

项目		数值
二回路冷却剂系统	二回路冷却剂	加压水—过热蒸汽
	二回路冷却剂入口温度/℃	230
	二回路冷却剂出口温度/℃	320
	二回路运行压力/MPa	8
	二回路冷却剂流量/(kg·s^{-1})	53.0
	循环热效率/%	≈40

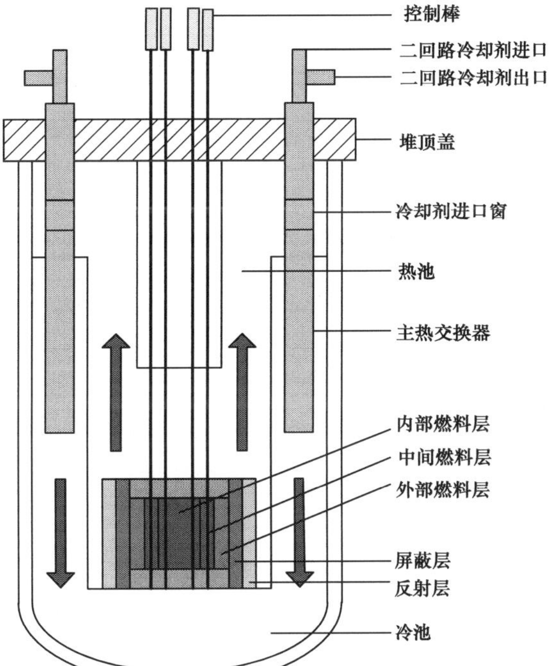

图 5-10 SPALLER 一回路系统结构示意图

SPALLER 一回路系统采用一体化池式结构，由堆芯、热池、主换热器、冷池和用于分隔热池和冷池的热分隔板组成。铅冷却剂由堆芯加热后在自然循环驱动力的驱使下向上流动，携带燃料组件的核热汇入热池，热池内的温度较高的铅冷却剂通过主换热器上端的入口窗进入主换热器与二回路冷却剂进行热量交换，并从主换热器下端的出口窗流出汇入冷池，形成一回路自然循环。图 5-10 给出了 SPALLER 一回路系统结构示意图。

5.4 堆芯物理特性分析

通过对初步堆芯方案的燃料、冷却剂调整，堆芯参数、堆芯布置的优化，长寿命小型自然循环铅铋冷快堆堆芯的物理性能与热工特性均会发生较大变化，本节重点研究堆芯的中子学参数，包括燃耗、转换比、易裂变核素存量比、功率分布、反应性系数及中子动力学参数、核素密度随时间变化；分析堆芯的热工参数，包括堆芯压降，冷却剂流量、流速，燃料棒包壳平均温度、最大温度，燃料芯块最大温度。

5.4.1 燃耗特性

开展 SPALLER 堆芯的燃耗特性分析，计算分析堆芯的剩余反应性及燃耗随时间变化。计算时投入 10 000 个中子，迭代计算 300 次，忽略前 50 次结果，运行 1 a 设置为 1 个燃耗步长。

图 5-11 给出了长寿命小型自然循环铅基快堆 k_{eff}及燃耗随时间变化情况。从图 5-11 可看出，堆芯运行的初始 k_{eff}为 1.004 757，误差为 0.000 343，运行第 1 a 由于堆内易裂变核素的消耗和^{232}Th 中子俘获产物^{233}Pa 的积累，导致堆内中子数量及裂变反应减小，k_{eff}降低到 1.001 583。随着^{233}Pa 数量逐渐达到饱和，^{233}U 的不断生成，k_{eff}逐渐增大并在运行的第 13 a 达到最大值 1.020 183，然后^{233}U 的产生量不足以弥补易裂变核素的消耗，k_{eff}逐渐降低并在第 32 a 达到 1.000 581，后续不能再维持临界，反应堆需要停堆换料。整个运行周期内，堆芯的燃耗反应性波动为 1 920 pcm，满足小于 2 000 pcm 的设计目标。堆芯的平均卸料燃耗为 210.38 MWd/kgHM，内区、外区燃料平均卸料燃耗分别为 212.40 MWd/kgHM、209.71 MWd/kgHM。

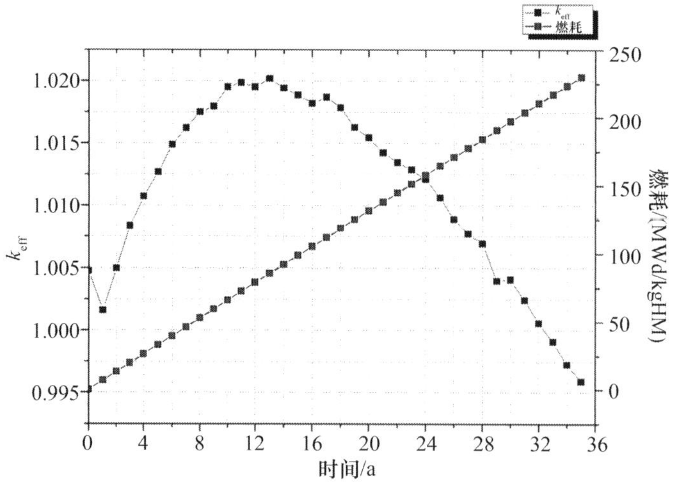

图 5-11 SPALLER 堆芯 k_{eff}及燃耗随时间变化

图 5-12 给出了长寿命小型自然循环铅基快堆 SPALLER 堆芯与初步堆芯燃耗性能对比情况。从图 5-12 可看出，相比初步堆芯方案一次装料可运行 7 a，平均卸料燃耗为 40. 32 MWd/kgHM，换料周期内8 492 pcm的燃耗反应性波动；SPALLER 的换料周期延长至 32 a，卸料燃耗提高到5. 2 倍，燃耗反应性波动减小至 1 920 pcm，堆芯增殖性能和中子经济性大幅提高，达到了长寿命的设计目标。

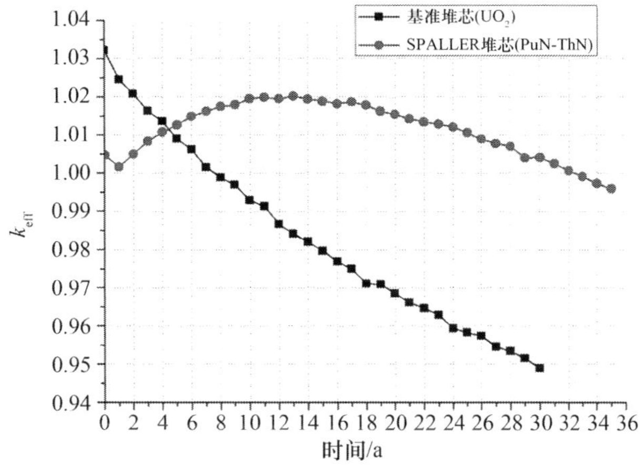

图 5-12　SPALLER 与初步堆芯燃耗性能对比

5. 4. 2　易裂变核素存量比

通过计算燃料的转换比及易裂变核素存量比 FIR，分析堆芯的增殖能力。图 5-13 给出了易裂变核素存量比随时间的变化情况。从图 5-13 可看出，在整个反应堆运行周期内，SPALLER 和初步堆芯的 FIR 均随时间减小，但前者下降幅度较小，说明优化堆芯中易裂变核素产生量更大，增殖能力更强。

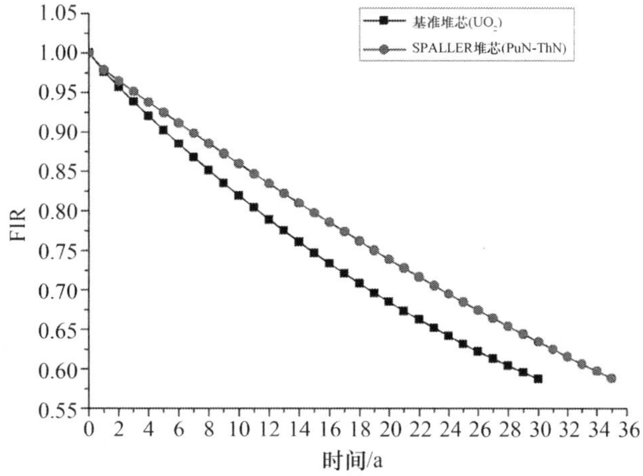

图 5-13　SPALLER 与初步堆芯 FIR 随时间变化

图 5-14 给出了优化堆芯 SPALLER 中易裂变核素密度随时间变化情况。由图 5-14 可发现，^{239}Pu 核素密度因不断裂变消耗快速减降低；^{232}Th 俘获中子生成的^{233}U 核素密度不断增大，前 13 a 增长速度较快，后增长速度放缓；由^{240}Pu 俘获生成的^{241}Pu 的核素密度随时间略有增长，但^{241}Pu 数量很少。在运行约第 26 a，^{239}Pu 与^{233}U 核素密度相等。虽然堆芯运行前期^{233}U 和^{241}Pu 的产生量无法弥补^{239}Pu 的消耗，但是由于^{233}U 的快中子裂变截面（2.73 b）比^{239}Pu（1.8 b）大很多，依然可以保证 k_{eff}的增长；后期随着^{233}U 生成率的降低，堆芯 k_{eff}不断下降。

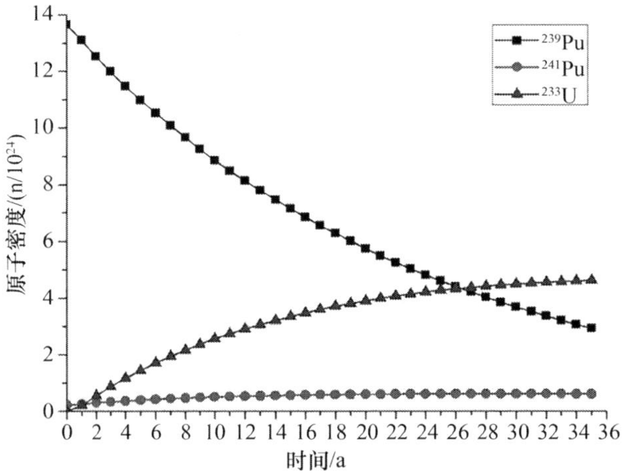

图 5-14　SPALLER 内易裂变核素随时间变化

5.4.3　堆芯功率分布

堆芯的功率分布直接影响反应堆运行的经济性和安全性，需要重点开展研究。SPALLER 堆芯的平均体积功率密度为 29.37 MW/m^3，平均线功率密度为 26.53 kW/m，约为初步堆芯的 3 倍。SPALLER 堆芯采用两区布置以展平功率分布，中心两圈组件 Pu 质量分数为 20.5%，外区两圈组件 Pu 质量分数为 30.8%。进一步计算堆芯无插棒情况下的径向和轴向功率分布，发现在实际运行情况下调节棒部分插入堆芯可以进一步展平功率分布。因此，只要无控制棒情况下堆芯的功率分布满足热工安全限值要求，即可确保反应堆运行安全。

图 5-15、图 5-16、图 5-17 分别给出了 SPALLER 反应堆寿期初（0 a）、寿期中（16 a）、寿期末（32 a）的堆芯径向功率分布。研究发现，寿期初，内区燃料组件归一化功率因子为 0.88 左右；外区燃料组件中，最外圈组件因中子泄漏较多，归一化功率因子为 0.87~0.96；次外圈组件的功率最大，径向功率峰因子为 1.229。堆芯径向功率整体呈现“M”形分布。初步堆芯径向功率峰因子为 1.47，显然，燃料组件的分区布置有效展平了功率分布。

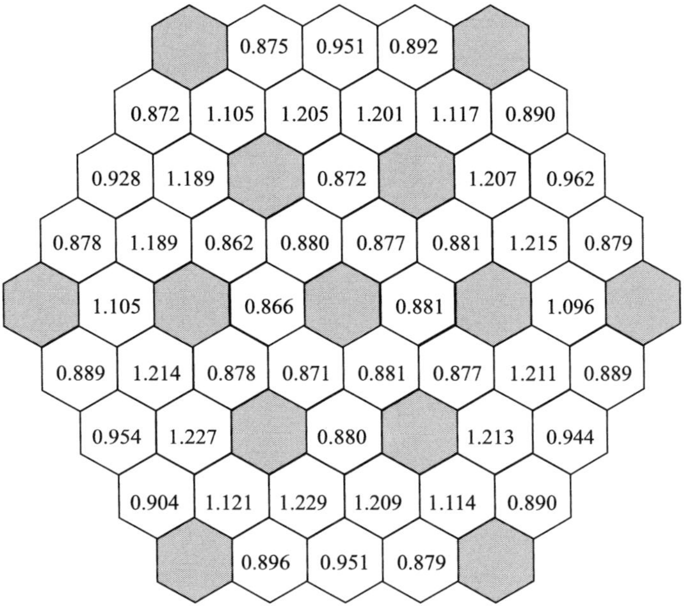

图 5-15　SPALLER 寿期初功率分布

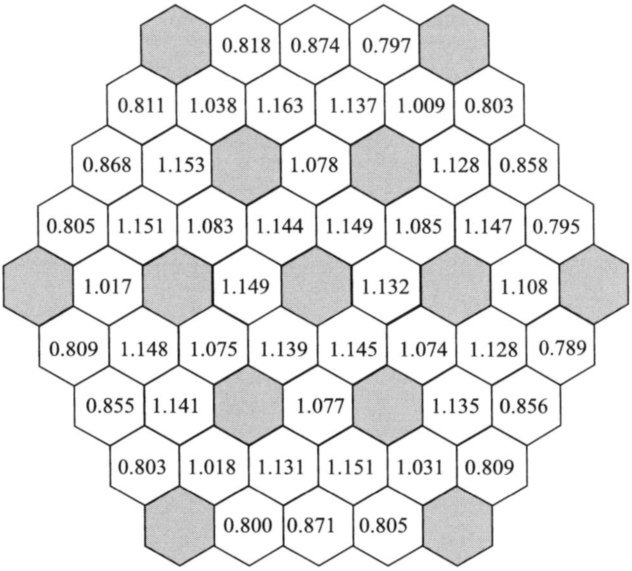

图 5-16　SPALLER 寿期中功率分布

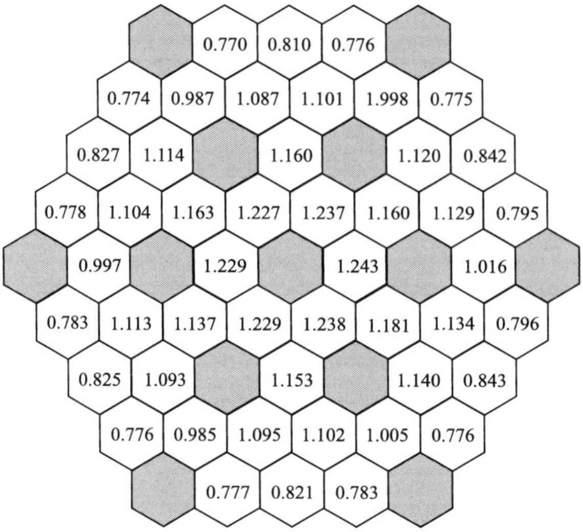

图 5-17 SPALLER 寿期末功率分布

SPALLER 堆芯内区燃料由于 Th 质量分数为更高，增殖能力更强，随着堆芯燃耗不断加深，内区燃料产生更多的易裂变核素，裂变反应增加，功率升高。外区燃料增殖能力相对较弱，易裂变核素不断减少，功率降低。因此，寿期中，堆芯中心两圈组件的归一化功率因子增加到 1.07~1.15，最外圈燃料组件的归一化功率因子为 0.79 ~0.87，径向功率峰因子依然出现在次外圈组件，约为 1.163。在寿期末，径向功率峰进一步向堆芯中央迁移，径向功率峰因子出现在最内圈组件，为 1.243，堆芯径向功率整体呈现“山坡”型分布。整个堆芯换料周期内，堆芯的功率分布较为均匀，径向功率峰因子均小于 1.3，满足设计准则要求。

图 5-18 给出了 SPALLER 堆芯寿期初、中、末的轴向功率分布。从图 5-18 可看出，BOC、MOC 和 EOC 时堆芯的轴向归一化功率峰因子分别为 1.234、1.229 和 1.225。堆芯轴向分为 30 层，轴向功率大体呈现余弦函数分布，堆芯上下两端靠近 ZrN 绝热层处因中子慢化加剧，核裂变反应增加，功率略微升高。

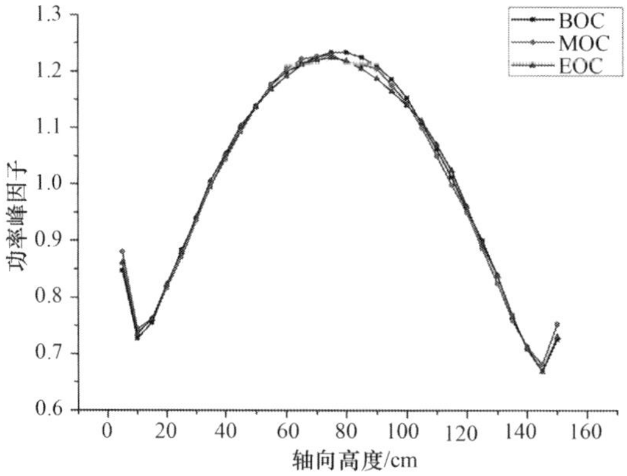

图 5-18 SPALLER 堆芯轴向功率分布

5.4.4 堆芯能谱

图5-19给出了SPALLER堆芯方案寿期初、中、末的中子能谱，随着燃耗的加深，易裂变核素不断消耗，堆芯中子能谱逐渐变软。从图5-20中也可以看出，寿期末快中子注量率相比寿期初有所降低。

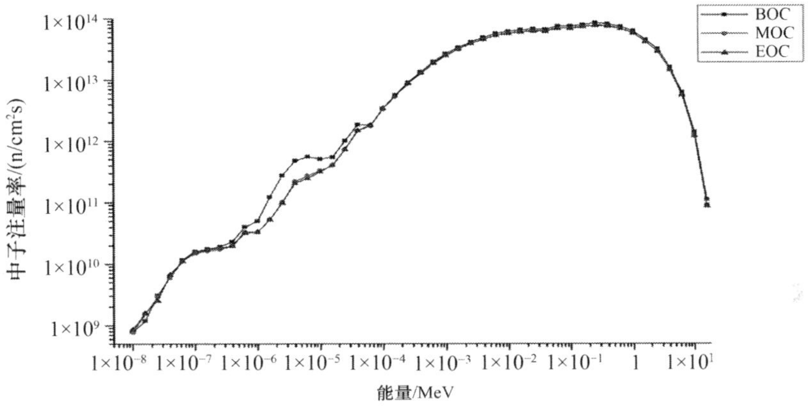

图5-19 SPALLER堆芯的中子能谱

长寿命铅基快堆中更关注的是快中子注量率，因为快中子会对包壳和结构材料造成较大的辐射损伤。包壳材料耐辐照的能力决定了反应堆运行时快中子注量限值，目前马氏体/铁素体钢的HT-9的快中子注量限值为4×10^{23} n/cm^2，按照堆芯运行32 a计算得到堆内快中子注量率限值为$4.018\ 78\times10^{14}$。表5-5给出了堆芯内不同时期的平均快中子注量率与最热组件快中子注量率，均超过了上述限值，这是后期需要优化调整的。

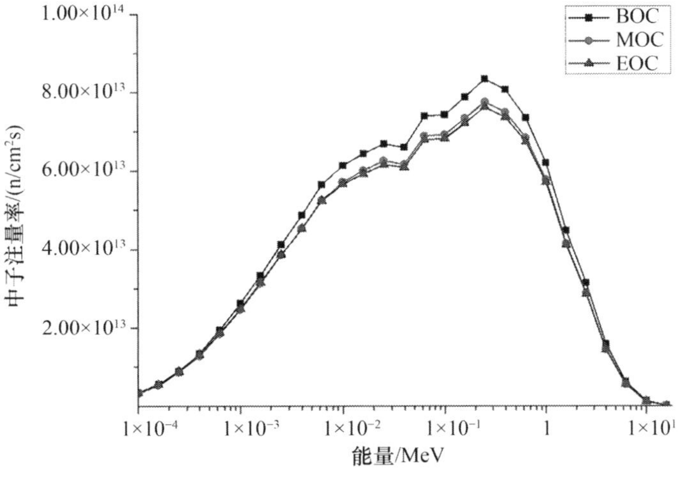

图5-20 SPALLER堆芯的快中子能谱

表 5-5　堆芯内快中子注量率

快中子（>0.1 MeV）	寿期初	寿期中	寿期末
平均快中子注量率/(n/cm²s)	4.78178×10^{14}	4.43695×10^{14}	4.37377×10^{14}
最热组件快中子注量率/(n/cm²s)	5.87681×10^{14}	5.16017×10^{14}	5.43660×10^{14}
快中子注量率限值/(n/cm²s)	4.01878×10^{14}	4.01878×10^{14}	4.01878×10^{14}

注：快中子注量率限值由 HT-9 材料所能承受的中子注量率 4×10^{23} n/cm²求出。

5.4.5　反应性系数及中子动力学参数

负的反应性系数是确保反应堆自稳性与安全性的关键，而有效缓发中子份额对于反应堆控制起重要作用。本节研究了优化堆芯的冷却剂温度系数、多普勒系数、空泡系数、轴向膨胀系数、径向膨胀系数以及有效缓发中子份额。

表 5-6 给出了 SPALLER 堆芯的各项反应性系数、有效缓发中子份额，其中寿期初、中、末的冷却剂温度系数、空泡系数均为负值，且相比初步方案堆芯的反应性系数更负，这解决了铅基快堆中冷却剂温度系数常为正值的问题。多普勒系数也为负值，且绝对值随着燃耗逐渐变大，这是因为易裂变核素消耗，可转换核素^{232}Th 相对质量分数增加的原因。同样由于单位体积中易裂变核素的减少，主要考虑燃料芯块膨胀的轴向膨胀系数随燃耗逐渐增大，寿期末仍为负值。SPALLER 堆芯寿期初、中、末的有效缓发中子份额分别为 0.307%、0.288%、0.322%，有效缓发中子份额较小，但已满足控制需要。

表 5-6　SPALLER 堆芯的反应性系数及缓发中子份额

参数	寿期初	寿期中	寿期末
冷却剂温度系数/(pcm/K)	-1.163	-1.069	-1.097
多普勒系数/(pcm/K)	-1.599	-1.707	-1.947
空泡系数/(pcm/1%)	-99.469	-89.916	-96.400
轴向膨胀系数/(pcm/1%)	-194.828	-167.462	-152.485
径向膨胀系数/(pcm/1%)	-201.564	-198.004	-87.556
有效缓发中子份额/%	0.307	0.288	0.322

5.4.6　长寿命裂变产物及次锕系核素产量

相比 U 基燃料，Th 基燃料的优势之一是可以减少核废物的产生。高放废物主要包含长寿命裂变产物（LLFP）和次锕系核素（MA）。LLFP 指由核裂变反应产生，半衰期超过 20 万 a 的放射性物质，如^{99}Tc、^{93}Zr、^{135}Cs 等。MA 指乏燃料中除铀和钚之外的锕系元素，其具备强放射性与生物毒性，主要包括：^{237}Np、^{241}Am、^{243}Am、^{243}Cm、^{244}Cm、^{245}Cm。分别

统计使用 UO_2 燃料的初步方案堆芯和使用 PuN-ThN 燃料的 SPALLER 堆芯满功率运行 30 a 的 LLFP 及 MA 产量。

图 5-21 和表 5-7 给出了 SPALLER 堆芯与初步方案堆芯运行 30 a 的裂变产物量对比情况。由图 5-21 和表 5-7 可看出，SPALLER 堆芯所有 LLFP 核素产量均低于初步方案堆芯，总积累量约为后者的 61.5%。^{237}Np 是 MA 中产额最高的核素，初步方案堆芯的 ^{237}Np 产量约为 SPALLER 堆芯的 44 倍。其他 MA 核素产额较少，初步方案堆芯的积累量均低于 SPALLER。SPALLER 堆芯 MA 总产量为初步堆芯的 38.4%。

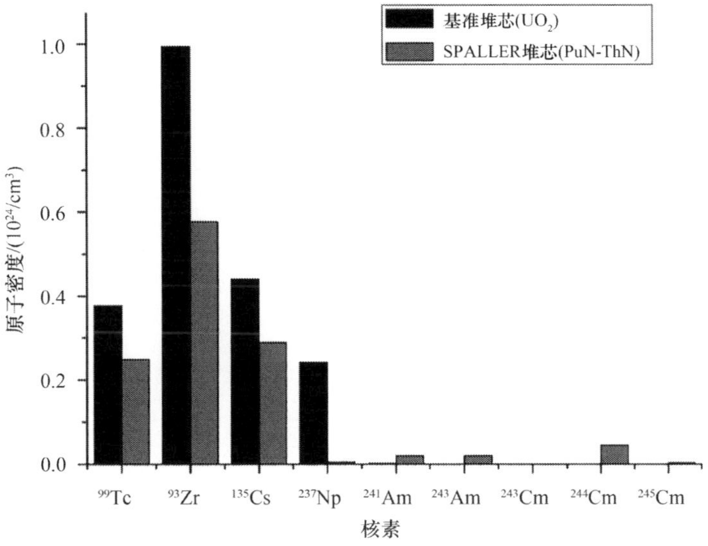

图 5-21　SPALLER 堆芯与初步方案堆芯运行 30 a 的裂变产物量对比

表 5-7　初步方案堆芯与 SPALLER 堆芯运行 30 a 的裂变产物量

类型	核素	初步方案堆芯	SPALLER 堆芯
长寿命裂变产物	^{99}Tc	3.771×10^{-1}	2.487×10^{-1}
	^{93}Zr	9.943×10^{-1}	5.766×10^{-1}
	^{135}Cs	4.402×10^{-1}	2.887×10^{-1}
	合计	1.812	1.114
次锕系核素 MA	^{237}Np	2.418×10^{-1}	5.430×10^{-3}
	^{241}Am	2.100×10^{-3}	1.964×10^{-2}
	^{243}Am	3.461×10^{-4}	2.005×10^{-2}
	^{243}Cm	6.431×10^{-5}	5.670×10^{-4}
	^{244}Cm	6.386×10^{-4}	4.472×10^{-2}
	^{245}Cm	5.220×10^{-5}	3.770×10^{-3}
	合计	2.450×10^{-1}	9.418×10^{-2}

5.5 反应堆稳态自然循环特性分析

5.5.1 寿期内堆芯燃料芯块、包壳和冷却剂温度分布

表 5-8 给出了寿期内额定工况下 SPALLER 堆芯燃料芯块、包壳和冷却剂温度分布情况，图 5-22 给出了寿期末 SPALLER 堆芯最热棒轴向温度分布情况。由表 5-7 可知，堆芯内燃料芯块温度最高值约为 958.1 ℃，出现在寿期末，远低于额定工况下 SPALLER 的燃料温度限值 2 300 ℃；堆芯内包壳最高温度约为 538.2 ℃，同样出现在寿期末，低于额定工况下 SPALLER 的温度限值 550 ℃。由图 5-22 可知，得益于堆芯采用导热性能较好的氮化物燃料，燃料芯块中心和芯块外表面的温差相对较小，最大温差出现在燃料棒活性区中间平面附近，约为 116.2 ℃。

表 5-8 额定工况下 SPALLER 堆芯温度分布 单位:℃

参数		寿期初	寿期中	寿期末
平均通道	芯块中心最高温度	797.820	800.822	794.923
	芯块外表面最高温度	713.404	715.729	712.283
	包壳内表面最高温度	497.480	496.660	496.846
	包壳外表面最高温度	488.479	487.858	487.999
	冷却剂最高温度	460.060	460.060	460.06
	冷却剂最大流速	0.470	0.470	0.470
热通道	芯块中心最高温度	905.041	877.758	907.975
	芯块外表面最高温度	801.293	778.796	804.129
	包壳内表面最高温度	532.365	521.553	533.666
	包壳外表面最高温度	521.100	511.186	522.457
	冷却剂最高温度	487.149	479.513	488.752
	冷却剂最大流速	0.496	0.489	0.498
最热棒	芯块中心最高温度	954.973	925.415	**958.130**
	芯块外表面最高温度	840.850	816.557	843.483
	包壳内表面最高温度	536.915	525.781	**538.186**
	包壳外表面最高温度	524.495	514.353	525.827
	冷却剂最高温度	487.149	479.513	488.752

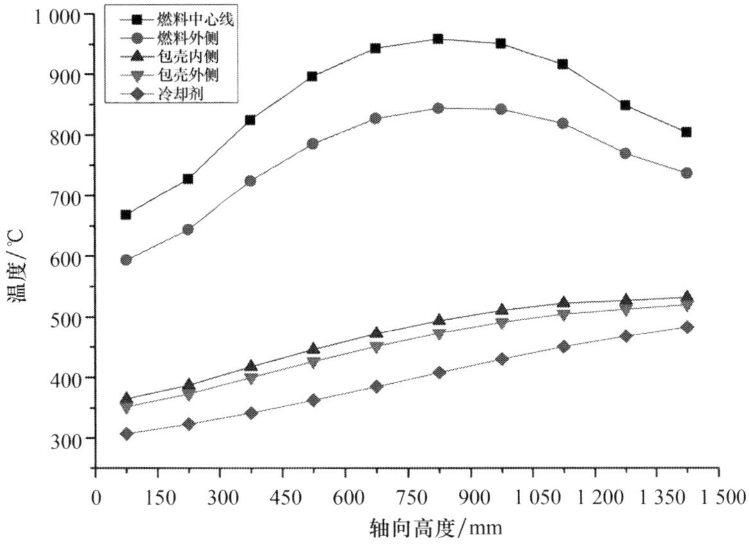

图 5-22 寿期末最热棒芯块、包壳和冷却剂温度轴向分布

5.5.2 堆芯自然循环流量分配分析

对于自然循环铅基快堆，出于流量分配的目的，堆芯通常采用闭式燃料组件设计。由于堆芯进出口压降可视为近似相等，对于功率较大的组件，其组件盒内冷却剂的密度相对较低，盒内冷却剂的提升压降相对较小，相应的摩擦压降和形阻压降相对较大，通过组件盒内的冷却剂流速相对较大，使得功率较大组件分配得到相对较多的冷却剂流量，自然循环铅基快堆可采用这种方式实现堆芯流量的自动分配。因此，亟须开展堆芯自然循环流量分配特性分析，研究 SPALLER 堆芯进口处的流量自动分配能力，分析是否需要进一步展平堆芯出口温度分布，以降低堆芯出口冷却剂温度搅混引发的温度震荡给堆内构件结构安全带来的危害。

图 5-23 给出了 SPALLER 堆芯各组件的径向布局及其编号，依据图 5-24 所示的 SPALLER 堆芯径向功率分布图，采用 STAC 程序开展堆芯自然循环流量分配特性分析，获得图 5-25 所示的 SPALLER 堆芯径向流量归一化分布情况。由图 5-25 可知，SPALLER 堆芯各组件流量分配具有良好的对称性；堆内流量最大组件为位于第三区的 3-12 号燃料组件，其归一化流量约为 1. 055，其对应的归一化功率约为 1. 229，亦为堆内功率最大组件；堆芯内流量最小组件为位于第二区的 2-6 号组件，其归一化流量约为 0. 974，对应的归一化功率约为 0. 966，亦为堆内功率最小组件。上述分析可看出，SPALLER 具备一定的自然循环流量自动分配能力，但堆内组件功率份额和流量份额不完全匹配，存在功率最大组件“过热”和功率最小组件“过冷”的现象。

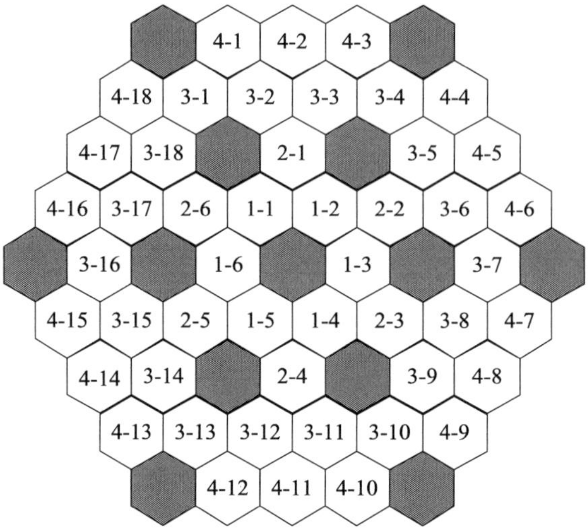

图 5-23　堆芯各层组件编号

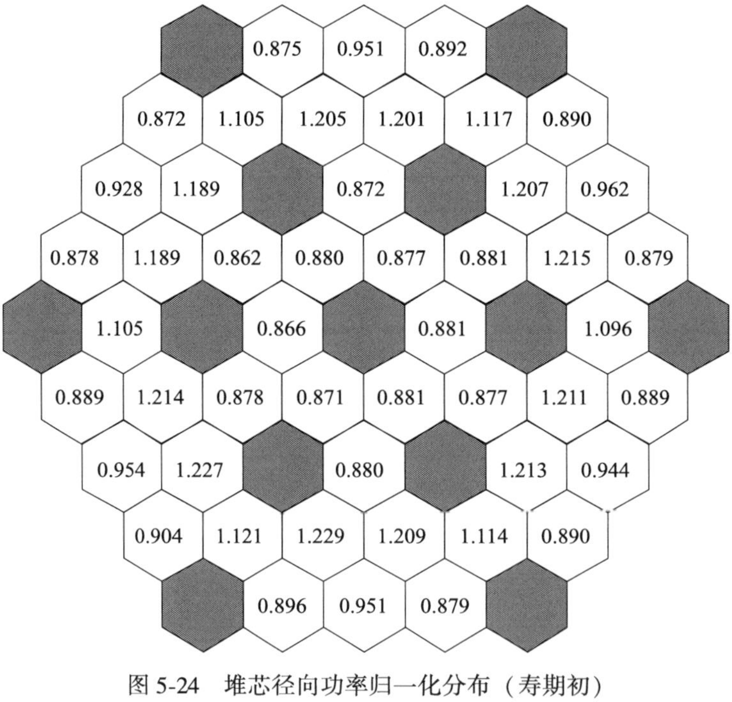

图 5-24　堆芯径向功率归一化分布（寿期初）

图 5-26 给出了 SPALLER 堆芯各组件冷却剂出口温度分布情况。由图 5-26 可知，位于第三区的堆内功率最大兼归一化流量最大的 3-12 号组件，其出口温度约为 487.4 ℃，位于第二区的堆内功率最小兼归一化流量最小的 2-6 号组件，其出口温度约为 443.0 ℃，由此，3-12 号组件和 2-6 号组件可分别视为堆内最热通道和堆内最冷通道。同时发现，

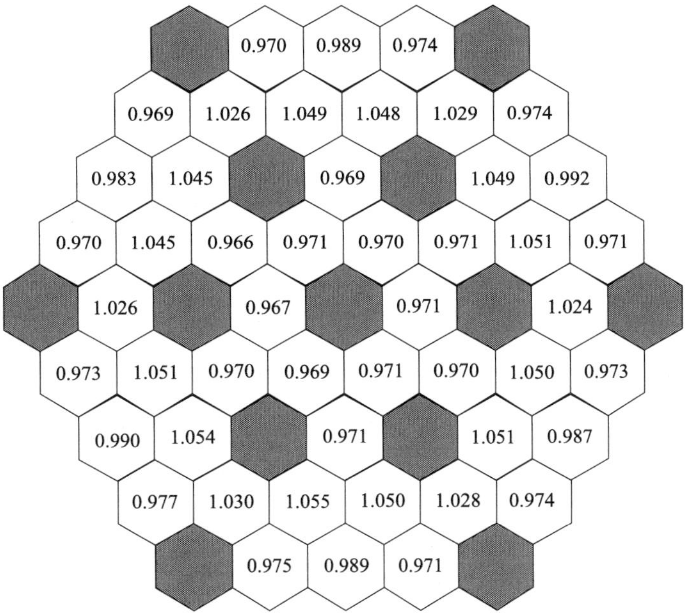

图 5-25　堆芯径向流量归一化分布（寿期初）

堆芯出口温度存在较大的不均匀性，最大出口温差达 44 ℃左右，堆芯出口冷却剂的温度搅混将带来持一定频率和幅度的温度震荡现象，给堆芯出口的热工测量装置和中心测量柱带来较大的热应力危害。因此，在后期 SPALLER 的分析中，需对 SPALLER 开展进一步的堆芯功率展平，或在堆芯进口设置节流件以展平堆芯出口温度分布。

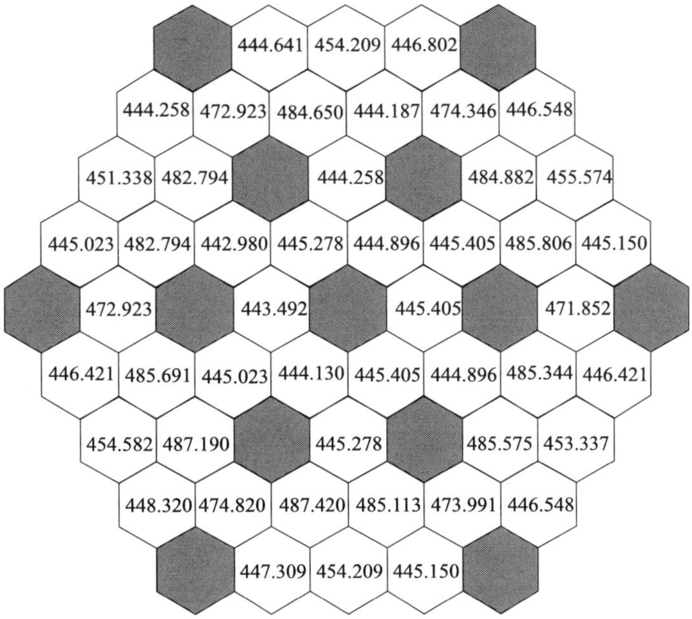

图 5-26　SPALLR 堆芯各组件冷却剂出口温度分布图（寿期初）

5.6 小 结

本章内容主要根据堆芯、冷却剂选型，堆芯参数、堆芯布置优化设计得出的结论提出了小型自然循环长寿命铅基快堆 SPALLER 的概念设计方案，包括含 BeO 的组件方案、两区装料的堆芯方案、调节棒和停堆棒的设计方案，一回路系统初步设计方案。研究了 SPALLER 物理性能，发现堆芯的寿期达 32 a，燃耗反应性波动为 1 920 pcm，堆芯的平均卸料燃耗高达 210.38 MWd/kgHM，整个寿期内的反应性系数均为负值，径向功率峰因子均未超过 1.25，同时 SPALLER 的 LLFP 和 MA 产量较初步方案均大幅减少。但同时也发现堆芯的有效缓发中子份额较小，为 0.3%左右，且快中子注量率超过了目前包壳材料 HT-9 的耐辐照限值。堆芯的热工性能方面，SPALLER 一回路冷却剂系统能建立稳定的自然循环，在反应堆整个寿期内堆芯的最大包壳温度和最大芯块温度均在设计限值内，且堆芯具备一定的自动流量分配能力。